U0176470

家庭食品安全

随身查

张明 编著

天津出版传媒集团

天津科学技术出版社

图书在版编目（CIP）数据

家庭食品安全随身查 / 张明编著 . —天津：天津科学技术出版社，2013.12（2024.3 重印）

ISBN 978-7-5308-8593-2

Ⅰ . ①家… Ⅱ . ①张… Ⅲ . ①食品安全—基本知识 Ⅳ . ① TS201.6

中国版本图书馆 CIP 数据核字（2013）第 304230 号

家庭食品安全随身查
JIATING SHIPIN ANQUAN SUISHENCHA

策划编辑：杨　譞

责任编辑：孟祥刚

责任印制：兰　毅

出　　版：天津出版传媒集团
　　　　　天津科学技术出版社

地　　址：天津市西康路 35 号

邮　　编：300051

电　　话：（022）23332490

网　　址：www.tjkjcbs.com.cn

发　　行：新华书店经销

印　　刷：鑫海达（天津）印务有限公司

开本 880×1230　1/64　印张 5　字数 172 000

2024 年 3 月第 1 版第 2 次印刷

定价：58.00 元

前言

俗话说："民以食为天。"食品是人类赖以生存的物质基础。随着时代的进步、市场经济的繁荣，广大消费者告别了食品匮乏、品种单调的日子，终于可以大饱口福了。然而，随着市场竞争的加剧，一些不法商贩为了牟取暴利，开始不顾消费者的安全，想方设法制售假冒伪劣产品：你喜欢白馒头，我就用硫黄把馒头熏得雪白；你喜欢吃瘦肉，我就给猪喂瘦肉精；你贪图便宜，我就往香油里掺花生油；你喜欢尝鲜，我就用激素把水果催熟；你喜欢亮晶晶的瓜子，我就用矿物油炒……总之，以次充好、以假乱真甚至不择手段炮制出让人防不胜防的食品。

于是人们的安全与健康受到严重威胁：问题奶粉带来的"大头婴儿"让天下父母震惊；"苏丹红（一号）"让国人不敢再信赖大品牌；工业酒精勾兑假酒致人死亡令人痛心；敌敌畏金华火腿让人们对传统制作工艺产生怀疑……食品安全问题逐渐成为人们生活中的一件大事。

除了媒体不断曝光的黑窝点、黑作坊，超市也不断曝出问题：过期商品贴上标签重新上架；没有质量安全标志（QS）的食品公然销售；散装食品安全隐患随处可见……消费者陷入了"不知道还能吃什么，又不能什么也不吃"的窘境。如何鉴别食品的优劣，逃离饮食误区，摆脱险境，日益成为老百姓最关注的问题。

为了让您摆脱困境，为了让您掌握鉴别方法，更为了您及您家人的身体健康，我们特别组织人员编写了《家庭食品安全随身查》一书。

本书从买菜到烹饪，从农贸市场到超市，全面系统地介绍了日常生活中最容易出现的各类食品安全问题。本书的特色是为每个具体的食品安全问题提供了一种或多种鉴别方法，这些方法均来自生活实践，无须借助任何专用工具或设备，简便易行，行之有效。

有了这本《家庭食品安全随身查》，无论是进入大型连锁超市，还是面对菜市场的商贩，您都能胸有成竹地选购自己需要的安全食品。除此以外，本书特意增加了食品烹饪和外出就餐的安全提醒，为您的身体健康再筑一道防线！

目录

农贸市场食品安全

超市食品安全

淀粉及其制品 /131

植物油 /133

豆类制品 /143

蔬果及其制品 /146

糖及糖果 /159

厨房食品安全

烹调误操作的安全隐患 /282

附录 小餐馆食品安全

农贸市场
食品安全

随着生活水平的提高，人们的食物结构在变化，大大小小的农贸市场悄然走进人们的生活。这些散落在各个居民小区附近的农贸市场，很大程度上方便了人们的生活，滋养着"以食为天"的人们。但从媒体镜头中，我们又看到了农贸市场中各种骇人听闻的事件：发霉的大米被人用吊白块漂白，再用矿物油抛光，冒充新米出售；用洗衣粉发面炸油条，看上去又粗又大，吃起来香脆可口，却会使人中毒；肉类更是问题百出，注水肉、豆猪肉、瘦肉精肉，等等，让人防不胜防。

不法商贩花样翻新、无所不用其极地坑害消费者；消费者绞尽脑汁、使尽浑身解数力求购买真货……去农贸市场买菜，已经成为一场消费者与不法商贩之间斗智斗勇的战争。

谷物及其制品

毒大米

发霉变黄的陈化米经矿物油抛光、吊白块漂白等工艺加工后，变成颜色白净的"新米"，即是毒大米。偶尔食用会对消费者消化系统产生危害，导致呕吐、腹泻、头晕；长期食用则可诱发肝癌等消化系统的恶性肿瘤。

辨别方法

👁	看价格	毒大米一般比正常新米价格便宜许多，外包装上大多没有厂址及生产日期，购买时一定要注意，不可一味贪图便宜
	辨颜色	经过简单加工的陈化米颜色明显发黄
	看形状	经过长年储存的大米比正常大米颗粒小，且比较细碎
☠	闻味道	如果米有霉味是肯定不能食用的。一些商贩为了掩盖霉味会添加一些香精，如闻到米有天然米香之外的其他香味，也应引起注意
✋	试手感	矿物油是用来抛光陈化米的主要原料，如果大米摸上去有黏黏的感觉，则很可能是加了矿物油。把大米放入水中，如水面出现油花，也能说明大米中被掺入了矿物油

安全辞典

陈化粮	长期储藏、已经变质的粮食,其中可能含有黄曲霉菌。黄曲霉菌在特定的高温高湿环境下会产生黄曲霉毒素
黄曲霉毒素	毒性被列为极毒,其毒性是氰化钾的10倍,砒霜的68倍。黄曲霉毒素也是目前发现的化学致癌物中致癌性最强的物质之一,其毒性作用主要是对肝脏产生损害。黄曲霉毒素水溶度低,耐高温,在一般烹调条件下不易被破坏。国家规定,食品中黄曲霉毒素的最大含量为每千克不超过10微克
吊白块	又称雕白粉,化学名称为甲醛次硫酸氢钠。易溶于水(其水溶液在60℃以上就开始分解出有害物质),温度稍高(120℃以下)或遇酸、碱即可分解为甲醛和二氧化硫等有毒气体,是一种禁用于食品的工业漂白剂,主要用于印染行业。人食用添加吊白块的食品,容易引起中毒、过敏等症状,甚至导致骨髓萎缩,人体摄入10克即可致死
矿物油	石油提炼所产生的副产品(下脚料)的总称,也称基础油,其中的多环芳烃、苯并芘、荧光剂等杂质对人体有致畸形、致癌作用

安全提示

用毒大米制成米粉,品质更难鉴别,购买时尤需注意。米粉如有霉味,可能是用陈化米制成的;如有异香,可能是生产者为掩盖霉味添加了香精。

染色小米

染色小米即用姜黄素、柠檬黄、地板黄、胭脂红等色素染成艳黄色的陈化小米，长期食用对人体健康有害。

姜黄素、柠檬黄、地板黄、胭脂红均为合成色素，合成色素或其代谢物摄入过多可能会使人体产生过敏反应导致腹泻，严重时甚至可能致癌。

辨别方法

👁	看色泽	新鲜小米色泽均匀，呈金黄色；染色小米色泽深黄
	辨米粥	煮成的小米粥汤清似水，米烂如泥，失去了小米原有的香气及味道
👃	闻气味	新鲜小米无异味，是天然的米香；染色小米有异味，如掺有姜黄素就有姜黄气味
✋	用手搓	把几粒小米放在手心，蘸点儿水搓几下。染色的小米颜色会由黄变暗，手心会染上黄色
	用水洗	染色的小米，淘米水发黄，小米由黄转灰并有点儿发白

增白剂超标面粉

面粉增白剂是人工合成的非营养物质,生产者为了让面粉看上去更白,于是在面粉中加入了过量的增白剂。

过量使用增白剂,会致使面粉的氧化剧烈,造成面粉煞白,甚至发青,失去面粉固有的色、香、味,破坏面粉中的营养成分,降低面粉的食用品质。若长期食用含过量增白剂的面粉及其制成品,会造成苯慢性中毒,损害肝脏,易诱发多种疾病。

辨别方法

👁	看色泽	未加增白剂的面粉呈微黄色或白里透黄;加了增白剂的面粉呈雪白色;增白剂严重超标或加了增白剂而存放时间过长的呈灰白色
👃	闻气味	未加增白剂的面粉有麦香味;加了增白剂的面粉香味很淡,甚至有化学药品气味
👄	尝口味	未加增白剂的面粉淡甜纯正;加了增白剂的面粉微苦,有刺喉感

掺假面粉

为了降低生产成本，有的生产厂家在面粉中掺入廉价的滑石粉、大白粉甚至石膏等，增加面粉的润滑感和重量。

滑石粉未被列入我国食品添加剂使用卫生标准。长期大量摄入滑石粉可能致癌。

辨别方法

（1）掺有滑石粉的面粉，和面时面团松懈、软塌，难以成形，食之肚胀。

（2）把面粉放入水中搅动一会儿，正常情况下应为糊状，若底部出现沉积物，则含有滑石粉。

安全辞典

滑石粉	是一种白色或类白色、微细、无砂性的粉末，手摸有油腻感。无臭，无味。本品在水、稀矿酸或稀氢氧化碱溶液中均不溶解。可做药用。主要成分是硅酸镁，长期大量摄入具有致癌性。在国家标准 GB2760-2011 中规定，滑石粉在凉果类和话化类（甘草制品）中最大使用量是 20.0g/kg
大白粉	由滑石粉精制加工而成，成分与滑石粉相同
石膏	是一种矿物，主要成分是含水的硫酸钙

硫黄馒头

为了让馒头看上去更白，不法商贩用硫黄熏制馒头，经过熏制的馒头被称为硫黄馒头。

用硫黄熏蒸食品时，硫与氧结合生成二氧化硫，遇水则变成亚硫酸，亚硫酸不仅破坏食品中的维生素 B_1，还与食品中的钙结合形成不溶性物质，不仅影响人体对钙的吸收，还刺激胃肠。硫黄中还含有铅、砷、铊等成分，在熏蒸过程中会生成铅蒸气、氧化砷、氧化铊等可挥发性有毒物质。如果熏蒸食品用的是工业用硫，食用后会中毒。

此外，二氧化硫还原出的铅一旦进入人体就很难排出，长期积累会危害人体造血功能，使胃肠道中毒，甚至还会毒害神经系统，损害心脏、肾脏功能。血液中铅含量过高会影响儿童的身体和智力的发育。铅对孕妇和胎儿的危害更大。

● 辨别方法

如果馒头白得出奇，而且表皮光亮，手搓时易碎，吃起来有特殊味道，就可能用硫黄处理过；被硫黄熏过的馒头仔细闻有硫黄气味。

● 安全辞典

硫黄	一种黄色或淡黄色、粒（粉）状或片状物质，易燃烧。硫黄不溶于水，略溶于乙醇、乙醚、溶于二硫化碳和苯等。硫黄燃烧时产生的二氧化硫气体，可使食品表面白亮、鲜艳，有漂白和保鲜食品的作用

荧光粉馒头、面条

荧光粉在面粉做成食品时增白效果特别明显，于是有人在蒸馒头、压面条时加入荧光粉。

荧光粉被人体吸收后，不像一般化学成分那样被分解，而是在人体内蓄积，大大削弱人体免疫力。荧光粉一旦与人体中的蛋白质结合，只能通过肝脏的酵素分解，加重肝脏负担。荧光类物质还可导致细胞畸变，如接触过量，毒性累积会成为潜在的致癌因素。

辨别方法

荧光粉用肉眼很难识别，所以消费者要到正规的主食店铺去购买馒头、面条等面食；不要购买看上去白得不自然的馒头、面条；当然有时间的话最好自己蒸馒头、擀面条。

安全辞典

荧光粉	又叫作荧光增白剂或荧光漂白剂，在日本称为"荧光染料"，我国将它列入印染助剂类。荧光粉加在面粉中并看不出增白效果，但是在蒸成馒头后就会特别明显，加入荧光粉蒸熟后的馒头又大又白又亮。荧光粉也可用于餐馆、压面条点的面条增白。

洗衣粉油条、馒头

有些不法商贩，用洗衣粉作发酵剂，掺入面粉中，由于洗衣粉中含有碱和发泡剂，发出的馒头又大又白，炸出的油条外观很粗、里面也很白。人一旦长期或者大量食用，会出现不同程度的中毒症状，严重者会危及生命。

辨别方法

	看外观	掺有洗衣粉的馒头、油条表面特别光滑，若对着光源看，依稀可见浮着的闪烁的小颗粒，这是洗衣粉中的荧光物质
	看质地	用酵母、纯碱、明矾发出的馒头，质地松软，掰开后断面呈海绵状，气孔细密均匀；而掺有洗衣粉的馒头，在断面处有大孔洞
	闻味道	正常发酵的馒头或油条，有固有的发酵或油炸香味，不正常发酵的口感平淡
	用水泡	掺有洗衣粉的馒头较易松散

安全辞典

洗衣粉	洗衣粉的原料主要来自废弃的油脂和石油化工产品，油脂类的危害程度较轻，而洗衣粉中的化工产品纯度也不高，一般来说，人食用洗衣粉后，不太容易出现临床上的疾病反应，但是如果长期、大量食用，会对人体造成潜在的疾病危害。

食用油脂

泔水油

　　泔水是厨房餐饮的废弃物。从泔水中提炼出的油，即泔水油，不法商贩用来重新销售，或烹炒菜肴、炸制油条等。

　　泔水油含有黄曲霉毒素、苯并芘、砷和铅，对人体有极大危害。此外，重复加工的泔水油中还含有大量的甲苯丙醛和磷（来源于餐具洗涤剂），会破坏白细胞、消化道黏膜，引起食物中毒，甚至致癌。

辨别方法

掺假芝麻油

👁	看	纯净的植物油呈透明状，无色，不法商贩多采用泔水油混入食用猪油进行销售。这样的油油脂色泽较深，凝结不紧，有明显粗粒，呈黏稠状半流体
👃	闻	在手掌上滴一两滴油，双手合拢摩擦至发热，闻其气味，有异味的油，说明质量有问题，有奥味的很可能就是泔水油
👄	尝	用筷子取一滴油，仔细品尝其味道。口感带酸味的油是不合格产品，有焦苦味的油已经酸败，口感苦涩、黏腻的油可能是泔水油

听	取油层底部的油一两滴，涂在易燃的纸片上，点燃。燃烧正常无响声的是合格产品；燃烧不正常且发出"吱吱"声音的，水分超标，是不合格产品；燃烧时发出"噼啪"爆炸声的，表明油的含水量严重超标，有可能是掺假产品
试	炒菜的时候，如果油，尤其是色拉油，温度还不太高就开始冒烟，那么一定不符合标准。因为色拉油的冒烟的温度点是215℃，如果还没烧到100℃就开始冒烟的，是问题油
问	仔细问商家的进货渠道，必要时索要进货发票，还查看当地食品卫生监督部门抽样检测报告

安全辞典

黄曲霉毒素	见"毒大米"
苯并芘	强致癌物质，可导致胃癌、肠癌等
砷	非金属元素，如在体内残留过量，将会引起头痛、头晕、失眠、乏力、消化不良、肝区不适等症状
铅	重金属的一种，如体内吸收过量，会导致溶血、贫血，并引起剧烈腹绞痛、中毒性肝病、中毒性肾病、中毒性脑病和多发性周围神经病

毒猪油

用碎猪肉、猪内脏、变质猪肉，甚至制革厂的下脚料为原料炼油，在炼制过程中加入过氧化氢和工业消泡剂，这种油被称为"毒猪油"。

不明来历的碎猪肉、猪内脏会有毒素或细菌残留；变质猪肉会产生微生物和毒素；猪肉蛋白中的氮、硫、氮硫化合物与过氧化氢在高温炼制过程中产生化学反应，衍生出大量有害物质。这些都会严重危害人体健康。

辨别方法

毒猪油多销售给餐饮业和食品加工厂，普通消费者很难在农贸市场见到，所以消费者在外就餐时一定要选择正规餐饮店，尽量避免在路边小摊就餐，同时要降低购买熟食的频率。

安全辞典

工业过氧化氢	工业用过氧化氢化学名过氧化氢，广泛应用于造纸业、纺织业，具有强烈的氧化漂白效果和防腐功能，可以掩盖食品的腐败变质。由于其含有铅、砷等杂质，食用会引起人体中毒
工业消泡剂	其中含有重金属及砷、苯环、杂环等，在血液里长期积累会导致慢性中毒，严重的还会造成血液病及损害中枢神经

掺假芝麻油和花生油

有些不法商贩在优质芝麻油和花生油中掺入劣质油，甚至非食用油，如桐油、蓖麻油、矿物油等，不仅损害消费者的利益，也危害消费者的健康。

辨别方法

掺假芝麻油

	看颜色	优质芝麻油呈淡红色或红中带黄。掺假芝麻油的颜色却光怪陆离，如掺菜籽油呈深黄色，掺棉籽油呈黑红色
	看纯净度	优质芝麻油在阳光下看清晰、透明、纯净。掺假芝麻油在阳光下却模糊不清，油质混浊，可能还有沉淀物
	看泡沫	取50克芝麻油，放入白色干净细玻璃瓶内，经剧烈摇晃后，瓶内无泡沫或虽有少量泡沫，但停止摇晃后很快消失的为优质芝麻油。若出现白色泡沫且消失较慢则可能掺入花生油，出现淡黄色泡沫且不易消失则可能掺入豆油
	看油花	用油提子盛满油，从高处向油缸中倾倒，砸起的油花呈金黄色且消失很快的为优质芝麻油。若砸起的油花呈淡黄色，说明掺入菜籽油；呈黑色则掺入棉籽油；呈白色则掺入花生油。另外，所有的掺假芝麻油砸起的油花消失得都较慢。

闻气味		优质芝麻油有明显的炒芝麻味或者轻微的煳芝麻味，醇香怡人；而香精勾兑的假芝麻油闻起来有明显的较为刺鼻的化学性气味，没有炒芝麻的香味
	水试法	在一碗清水中滴入一滴芝麻油，优质芝麻油初成薄薄透明的油花，很快扩散，凝成若干小油珠。掺假芝麻油出现的油花较厚较小，而且不易扩散
	冷冻法	优质芝麻油放入冰箱在-10℃冷冻时，仍为液态。掺假芝麻油则开始凝结
	加热法	加热发白则兑有猪油，加热溅锅则兑有棉籽油，加热发青则兑有菜籽油

掺假花生油

看油花		把花生油从瓶中快速倒入杯内，观察泛起的油花，纯花生油的油花泡沫大，周围有很多小泡沫且不易散落；当掺有棉籽油时，油花泡沫略带绿黄色或棕黑色，有棉籽油味
	看颜色	颜色深并且伴有煳味的油，就是炸过食品的废油。颜色浅又无气味但价钱便宜的可能是掺了一种叫"白油"的工业油
闻气味		有馊臭味的掺有泔水油；有腥味的掺了饲料鱼油
透明度		花生油掺假后透明度下降。若掺有非脂性异物，放入透明杯中放置几天观察，油中会出现云状悬浮物

	加碘酒	取少量花生油，在其中加入几滴碘酒，如果出现蓝紫或蓝黑色，则说明花生油中掺有米汤、面汤等淀粉物
✋	冷冻	花生油的冷凝温度为8℃，凝结时间很长，且有一定流动性；棕榈油的冷凝温度在22℃左右。把一些花生油放入冰箱几分钟后取出，如果凝结物比较坚硬，无流动性，就说明里面掺有棕榈油

● 安全辞典

桐油	是用油桐树的种子精细加工，提炼制成的工业用植物油。广泛用于建筑（油漆）、印刷（油墨）、船舶、农用机械、电子工业和家具等方面。食用后对人体的肝、肾和肠道等器官有影响，严重的可以引起休克和死亡
蓖麻油	是用蓖麻的种子压榨而制得的，为无色或淡黄色透明黏性油状液体，是典型的不干性液体油；蓖麻油是化妆品原料，可作为口红的主要基质，也可应用到膏、霜、乳液等中，还可作为指甲油的增塑剂。蓖麻油还是一种泻药，孕妇食用可能导致流产
棉籽油	是用棉花的种子榨制而成的一种植物油，可分为精制油和粗制油两种。精制油颜色橙黄、透明，是人们常见的食用油之一；粗制油色黑、黏稠，是未经精炼或精炼不彻底的棉籽油。 在棉籽中含有大量棉酚、棉酚紫、棉绿素等有毒物质，可以造成人体的胃和肾脏损害，粗制棉籽油中棉酚类物质清除不彻底，人们若长期食用或大量食用，则会引起急性或慢性中毒

肉、禽、蛋及其制品

瘦肉精猪肉

　　饲养者为了提高猪的瘦肉率，将"瘦肉精"添加入饲料，食用过量"瘦肉精"的猪被屠宰后流入市场，这种猪肉就被称为"瘦肉精猪肉"。

　　人过量食用这种猪肉尤其是猪内脏后，会出现心跳加速、四肢颤抖、腹痛、头晕，同时伴有呼吸困难、恶心呕吐等症状。

辨别方法

	看脂肪层	看该猪肉是否有脂肪层（猪油），如该猪肉在皮下就是瘦肉或仅有少量脂肪，则该猪肉就存在含有"瘦肉精"的可能
	看瘦肉	含有"瘦肉精"的瘦肉外观鲜红，纤维比较疏松，时有少量"汗水"渗出，而一般健康的猪瘦肉是淡红色，肉质弹性好，肉上没有"出汗"现象

安全辞典

瘦肉精	又名盐酸克伦特罗，它是一种兴奋剂药物，能引起交感神经兴奋，医疗上用于治疗哮喘，对心脏有兴奋作用，对支气管平滑肌有较强而持久的扩张作用。口服后胃肠道较易吸收

国家安全标准

1999 年 5 月，国务院颁布的《饲料和饲料添加剂管理条例》明确规定严禁在饲料和饲料添加剂中添加盐酸克伦特罗等激素类药品。

安全提示

鉴别猪肉质量的方法

1. 外观鉴别

（1）新鲜猪肉：表面有一层微干或微湿的外膜，呈暗灰色，有光泽，切断面稍湿、不粘手，肉汁透明。

（2）次鲜猪肉：表面有一层风干或潮湿的外膜，呈暗灰色，无光泽，切断面的色泽比新鲜的肉暗，有黏性，肉汁混浊。

（3）变质猪肉：表面外膜极度干燥或粘手，呈灰色或淡绿色、发黏并有霉变现象，切断面也呈暗灰或淡绿色、很黏，肉汁严重混浊。

2. 气味鉴别

（1）新鲜猪肉：具有鲜猪肉正常的气味。

（2）次鲜猪肉：在肉的表层能嗅到轻微的氨味、酸味或酸霉味，但在肉的深层却没有这些气味。

（3）变质猪肉：腐败变质的猪肉，不论在肉的表层还是深层均有腐臭气味。

3. 弹性鉴别

（1）新鲜猪肉：新鲜猪肉质地紧密而富有弹性，用手指按压后凹陷会立即复原。

（2）次鲜猪肉：肉质比新
鲜肉柔软、弹性小，用手指按
压后凹陷不能完全复原。

（3）变质猪肉：腐败变质
的猪肉，由于自身被分解严重，组织失去原有的弹性
而出现不同程度的腐烂，用手指按压后凹陷，不但不
能复原，有时手指还可以把肉刺穿。

4. 脂肪鉴别

（1）新鲜猪肉：脂肪呈白色，具有光泽，有时呈
肌肉红色，柔软而富有弹性。

（2）次鲜猪肉：脂肪呈灰色，无光泽，容易粘手，
有时略带油脂酸败味和哈喇味。

（3）变质猪肉：脂肪表面污秽、有黏液，霉变呈
淡绿色，脂肪组织很软，具有油脂酸败气味。

5. 肉汤鉴别

（1）新鲜猪肉：肉汤透明、芳香，汤表面聚集大
量油滴，油脂的气味和滋味鲜美。

（2）次鲜猪肉：肉汤混浊，汤表面浮油滴较少，
没有鲜香的滋味，常略有轻微的油脂酸败的气味及
味道。

（3）变质猪肉：肉汤极混浊，汤内漂浮着有如絮
状的烂肉片，汤表面几乎无油滴，具有浓厚的油脂酸
败或显著的腐败臭味。

注水猪肉

　　在生猪屠宰前，在猪体内注入大量水。这种猪的肉被称为"注水猪肉"。

　　水进入动物的机体后，会引起体细胞膨胀性的破裂，导致蛋白质流失，肉质中的生化内环境及酶生化系统遭受到不同程度的破坏，使肉的成熟过程延缓，降低肉的品质。注水后，易造成病原微生物的污染，加上操作过程中缺乏消毒手段，因此，更易造成病菌、病毒的污染。所以注水肉不仅影响原有的口味和营养价值，同时也加速了肉品变质腐败的速度，危害人们的健康。

辨别方法

👁	观察	翻看肌肉及其他部分有无黏软、多汁现象；切割肉时有无水淌出，肌肉是否变色，内腔或主动脉血管有无扎破痕迹。
✋	触摸	用手触摸肉是否光滑，是否粘手，有无弹性，肉原有的僵硬等特征是否被破坏；用刀剖开，摸上去是否感觉有明显的水分或冰碴（冻肉）。
	纸吸水	把干净纸巾紧密地贴在肉的新断面上，一分钟左右，揭下纸巾观察纸的吸水速度、黏着力和拉力等变化。若纸接触肉面后立即浸透或没有贴在肉上的部分也浸透，纸条稍拉即断，用火点燃没有明火甚至不能点燃，说明纸上吸附水分，属于注水肉。若纸巾浸润区很小，在2平方厘米以下，纸条有黏着力，轻拉不断，用火点燃出现明火，则为无注水肉

嗅气味   正常肉有原有生肉气味；注水肉会散发出异味

安全辨析

热鲜肉、冷冻肉与冷却肉

热鲜肉：就是"凌晨屠宰，清早上市"的畜肉。但热鲜肉本身温度较高，容易受微生物的污染，极易腐败变质，从而造成严重的食品安全问题，因此必须在现代化屠宰厂宰杀，并经快速分段冷却以保证肉品质量安全。而且热鲜肉的货架期要不超过 1 天。

冷冻肉：是把宰后的肉先放入 –30℃以下的冷库中冻结，然后在 –18℃保藏，并以冻结状态销售的肉。冷冻肉较好地保持了新鲜肉的色、香、味及营养价值，其卫生品质较好。但在解冻过程中，冷冻肉会出现比较严重的汁液流失，会使肉的加工性能、营养价值、感观品质都有所下降。

冷却肉：是指严格执行兽医卫生检疫制度，屠宰后的畜胴体迅速冷却处理，使胴体温度在 24 小时内降为 0 ~ 4℃，并在后续加工、流通和销售过程中始终保持 0 ~ 4℃范围内的生鲜肉。由于冷却肉的生产全过程始终处于严格监控下，卫生品质比热鲜肉显著提高，且汁液流失少。而且还经过了肉的成熟过程，其风味和嫩度明显改善。冷却肉会逐步发展成为生肉消费的主流。

豆猪肉

患囊虫病的猪的肉即"豆猪肉"，又称"米猪肉"。

食用豆猪肉可能引发人类两种疾病，一是绦虫病，即误食豆猪肉后，在小肠寄生 2～4 米长的绦虫；另一种是囊虫病，即误食了绦虫的虫卵后，虫卵孵化出幼虫，这些幼虫钻入肠壁组织，经血液循环带到全身，在肌肉里长出像豆猪肉一样的囊包虫。

辨别方法

用刀子在猪的肌肉上切，一般厚度 3 厘米，长度 20 厘米，每隔 1 厘米切一刀，切 4 到 5 刀后，在切面上仔细看，如发现肌肉上附有石榴子一般大小的水泡，即是囊包虫。

安全辞典

绦虫	绦虫有四类，猪肉绦虫和牛肉绦虫最为常见，这两种绦虫属带状绦虫，长得很像，体扁，身长，全身可分三节，头节有吸附能力。猪肉绦虫成虫可长达 2～4 米，牛肉绦虫成虫更是长达 4～8 米。猪肉绦虫头部顶端有一圈小钩子，用小钩子和吸盘吸附在肠壁上；牛肉绦虫没有小钩子，但有 4 个吸盘，靠吸盘吸附在肠壁上。颈节能不断长出节片，每天能长 7~8 个节片，体节可分为未成熟节和成熟节。成熟节片有雌雄两套生殖器官，子宫内储有 10 多万虫卵，这些节片可随时脱落，随粪便排出体外。绦虫成虫在肠道内可存活 10～20 年

● 国家安全标准

猪肉卫生国家安全标准规定

1. 鲜猪肉

（1）色泽：肌肉有光泽，红色均匀，脂肪乳白色。

（2）组织状态：肌肉纤维清晰，有坚韧性，指压后凹陷立即恢复。

（3）黏度：外表细润，不粘手。

（4）气味：具有鲜猪肉固有的气味，无异味。

（5）煮沸后肉汤：澄清透明，脂肪团聚于表面。

2. 冻猪肉

（1）色泽：肌肉有光泽，红色或稍暗，脂肪白色。

（2）组织状态：肉质紧密，有坚韧性，解冻后指压后凹陷恢复较慢。

（3）黏度：外表细润，切面有渗出液，不粘手。

（4）气味：解冻后具有鲜猪肉固有的气味，无异味。

（5）煮沸后肉汤：澄清透明或稍有混浊，脂肪团聚于表面。

● 安全提示

豆猪肉中的囊包虫可被高温杀死，所以食用猪肉时，一定要做熟，绝不能食用不完全熟的猪肉。另外要注意个人卫生，饭前便后要洗手，处理生、熟肉的菜板、菜刀一定要分开，不能混用，防止交叉污染。

瘟猪肉

患猪瘟病的猪的肉被称为"瘟猪肉"。

猪瘟病是一种多发性传染病，病源是猪瘟病毒，这种病毒繁殖快、存活力强，所以食用"瘟猪肉"对人体危害很大。

辨别方法

看皮肤	病猪周身包括头和四肢的皮肤上都有大小不一的鲜红色出血点，肌肉和脂肪也有小出血点	
看脂肪和腱膜	如皮已去掉，可仔细观察脂肪和腱膜，也会发现出血点	
看淋巴结	全身淋巴结，俗称"肉枣"，都呈紫色	
看内脏	在内脏上更为明显，肾脏色淡，有出血点	
看骨髓	如果骨髓呈黑色，则是瘟猪肉	

安全提示

个别肉贩常将猪瘟病肉用清水浸泡一夜，第二天上市销售。这种肉外表显得特别白，不见有出血点，但将肉切开，从断面上看，脂肪、肌肉中的出血点依然明显。

母猪肉

母猪是指生育过仔猪的猪，肉质老，不易熟。

辨别方法

肉皮	母猪肉皮粗而厚，呈黄色（能用漂白粉刷掉），毛孔深而大，毛根呈丛生"小"字形，背脊上尤其明显；而正常肥猪肉皮既薄又白，毛孔浅而小。母猪肉皮常被卖主剥去，冒充无皮肉出售，消费者一定要格外注意
奶头	母猪的奶头长、粗大、较硬，常被削掉。切开猪乳房，乳腺中如果有淡黄色透明液体渗出，就是母猪
肚子	母猪的肚子比肥猪肚子要大一到两倍，外面显得干涩，不像肥猪肚子那样外面有一层很滑的黏膜
脂肪	母猪的脂肪组织色黄、干涩，用力捏、搓，感觉好像带有砂粒，并与肌肉分离；而肥猪肉的脂肪则紧密而细嫩、色白
瘦肉	母猪瘦肉条纹粗糙，呈暗红色，肉质很老，不易煮烂；而肥猪瘦肉纹路细短清晰，呈粉红色，肉质鲜嫩，能很快煮熟
排骨	母猪的排骨弯曲度大，背脊骨筋突出，显黄色，骨头特别粗
骨髓	母猪的骨髓呈污红色，且有黄色油样液体渗出；肥猪的骨髓中则无黄色油样液体

安全辞典

免疫球蛋白	是一种抗体，在母猪妊娠后期出现在血液中，产前大量进入乳腺中形成初乳。这种球蛋白有高度的专一性和特异性，不能成为其他动物的抗体，而可能成为一种抗原，危害人体健康

安全提示

如果不小心买到了母猪肉，食用时要煮熟，爆炒后食用不安全，最好切成小块红烧、清炖，煮沸半小时以上，因为免疫球蛋白也是一种蛋白质，高温可以分解变性。

知识链接

肉松是用瘦肉经烧煮、去油、收浓汤后，炒干而成的肉制品。按其原产地及加工方法的不同，分为太仓肉松和福建肉松两种。太仓式肉松在外观上呈金黄色或淡黄色，带有光泽，絮状；纤维纯洁、疏松，肉质细腻，有香味。福建式肉松呈团粒状，重油、重糖，酥松柔软，香味浓郁。变质肉松外观呈灰黄色，无光泽，组织结块有霉斑，纤维粘连并粘手，肌纤维易断，有酸败味。

媒体曾曝光过用病死母猪肉制作肉松的事件，消费者在选购时要注意。不要选择价格过低的肉松。一般情况下，1500克猪肉才能炒出500克肉松，如果肉松价格低于猪肉价格的3倍，肉松就可能有问题。

硼砂猪肉

　　为了使猪肉短期内不腐败，有的肉贩把硼砂涂抹在肉的表面上，这种猪肉被称为硼砂猪肉。

　　硼砂中含有一种原浆毒，人食后会破坏消化系统功能，出现恶心、呕吐等症状。硼砂在排泄过程中还会损害泌尿系统功能，严重的可致循环衰竭、休克或死亡。

辨别方法

👁	看色泽	猪肉的表面撒了硼砂后，会失去原有的光泽，比粉红色的瘦肉颜色要深，而且暗淡无光。如果硼砂是刚撒到猪肉上去的，你会看到肉的表面上有白色的粉末状物质
✋	用手摸	如有滑腻感，说明猪肉上撒了硼砂。如果硼砂撒得多，用手摸，还会有硼砂微粒粘在手上，并有微弱碱味

安全辞典

硼砂	主要的成分是硼酸钠，硼酸钠具有加强食物韧性、脆度及改善食物保水性及保鲜度等功能，但经由食品摄入人体后，会在体内蓄积，引起食欲减退、消化不良，抑制营养素的吸收。严重的会出现呕吐、腹泻、循环系统障碍、起红斑、休克及昏迷等中毒症状

知 识 链 接

　　肉馅中添加硼砂的饺子、馄饨等一般会显得个大、质硬，食品的外表颜色也会更加鲜亮。但是因为通常硼砂用量很小，消费者辨别起来并不容易，所以外出用餐要提高警惕。

陈旧猪肉与腐败猪肉

　　●陈旧猪肉：活猪宰杀以后，存放了一段时间的肉。这种肉的表面很干燥，有时也带有黏液；肌肉色泽发暗，切面潮湿而有黏性，肉汁混浊没有香味，肉质松软，弹性小，用手指按压下去的凹陷部位不能立即复原；有时肉的表面还会发生轻微的腐败现象，但深层无腐败气味。这种肉上锅煮沸后有轻微异味；肉汤混浊，汤的表面油滴细小；骨髓比新鲜的软，呈暗白色或灰黄色，无光泽；肌腱柔软，颜色灰白；关节表面有混浊黏液。

　　●腐败猪肉：活猪宰杀以后，经过较长时间的存放而发生腐败变质的肉。这种肉表面有的非常干燥而且很硬，有的非常潮湿而带黏性；在肉的表面和切面上有霉点，呈灰白色或淡绿色；肉质松软没有弹性，用手指按压下去的凹陷不能复原；肉的表面和深层皆有腐败的酸败味。这种肉上锅煮沸后，有难闻的臭味；肉汤污秽，表面有絮片，没有油滴；骨髓软而无弹性，颜色暗黑；肌腱柔软而污秽，为黏液覆盖；关节表面有一层似血浆样的黏液。

敌敌畏火腿

火腿只能在正冬（每年的立冬至次年的立春期间）腌制，每年只腌制一批，所以也叫"冬腿"。近几年来，有些火腿厂为了提高火腿的产量，在春、夏、秋季利用冷库（或恒温库）腌制火腿，这种火腿被称为"反季节腿"，俗称"腌腿"。为防止产品腐烂变质或生蛆虫，在火腿生产过程中使用剧毒农药"敌敌畏"溶液浸泡腌制，这就是"敌敌畏"火腿，这种现象多出现在"反季节腿"上。

敌敌畏作为一种有机磷农药，能杀死所有昆虫。少量会对消化道和胃黏膜有强烈刺激作用，导致胃出血或胃穿孔；若大量被人体吸收，则会导致死亡。火腿的浸泡过程中一旦加入敌敌畏，不可避免会渗透到肌肉里面去，危害健康。

辨别方法

我们平时所说的火腿一般指浙江的金华火腿。正宗的金华火腿用当地特有猪种"两头乌"制成，在金华当地特有气候条件下腌制、发酵、晾晒。制成的火腿香气浓郁，精多肥少，腿肉丰满，形似柳（竹）叶，红润似火，色、香、味、形俱佳。

金华火腿以颜色鲜红、气味芳香的为上等品；而假的金华火腿呈暗红色，味咸而不香，有油脂味。鉴别火腿真假可采用如下方法：

1. 看肉皮

黄亮皮面上有用特制中药印制的"浙江省食品公司制"等字样，这些字经水洗、擦拭不会褪色。

2. 查脚环

正宗金华火腿每只腿上都有红色（一级、特级品）或黄色（二级、三级品）的脚环。

3. 竹签刺

用竹签刺入关节附近的肌肉并拔出，可闻到特有的清香。

4. 用刀切

刀切断面，肉色红润，脂肪洁白，骨髓桃红。

安全辞典

敌敌畏（简称 DDVP）：胆碱酯酶的直接抑制剂，为中等毒性农药，毒性约为硫磷的 1/10。原药为无色透明液体，微溶于水，易溶于多种有机溶剂，如在碱性溶液中迅速分解成硫酸二甲酯与二氯乙醛。

知识链接

"广海咸鱼"曾因制作过程中用敌敌畏浸泡而被媒体曝光。另有报道说，某些四川泡菜在腌制过程中也使用敌敌畏。

亚硝酸盐超标香肠

　　为保持肉制品的亮红色泽，不法制造商在香肠中加入过量亚硝酸盐。

　　过量亚硝酸盐进入血液，会将正常的血红蛋白变成高铁血红蛋白而失去运氧的能力；长期大量食用会导致食管癌、鼻咽癌、胃癌、膀胱癌等。

辨别方法

　　目前，肉制品中的亚硝酸盐含量是否超标只能用专业试剂检测，消费者在购买时，尽量到大型超市或有信誉的店铺购买，降低买到亚硝酸盐超标食品的可能性。

安全辞典

亚硝酸盐	一种白色或淡黄色结晶盐类，味苦，外形似食盐

国家安全标准

　　中华人民共和国国家安全标准《食品中亚硝酸盐限量卫生标准》中规定，肉类罐头、肉制品中的亚硝酸盐含量每千克不得超过 30 毫克。

伪劣熟肉制品

　　市场上的熟肉制品除了存在亚硝酸盐超标问题以外，还存在过期、以次充好、淀粉超标、添加色素等问题。这些熟肉制品都属于伪劣熟肉制品。

　　伪劣熟肉制品侵犯消费者的正当权益，危害消费者的健康。

辨别方法

用变质香肠回造的香肠	●外观特殊，香肠的两端呈黄色，中段可见分布不规则的紫黑色瘦肉硬结 ●掰开香肠在肉馅中亦可触摸到这种泡不开的硬结
母猪肉香肠	●肉质粗硬，有难以去除的腥味，虽可食用，但属次质肉 ●母猪肉灌制的香肠看上去瘦肉比例高，瘦肉部分呈深紫黑色
掺淀粉香肠	●香肠表面缺乏正常香肠中瘦肉干燥收缩导致的凹陷；外观干燥、硬挺、平滑，看起来瘦肉比例很高 ●掰开香肠，即可见断面的肉馅松散，黏结程度低，可见淀粉颗粒；瘦肉纤维粗，并可见白色纤维状筋膜
掺人工合成色素香肠	●肠体呈不正常的胭脂红色 ●把肠体放在水中，水可变红

冒牌肉

　　市场上各种肉的价格不同，为了牟利，有人用价低的肉冒充价高的肉，常见的是用马肉冒充牛肉。消费者购买时要提高警惕。

◉ 辨别方法

	看肌肉色泽	牛肉呈淡红色，切面有光泽；马肉呈深红色、棕红色。
◉	看肌肉纤维	牛肌肉纤维较细，切断面颗粒感不明显；马肌肉纤维较粗，间隙大，切断面颗粒非常明显。
	看肌肉嫩度	牛肉质地结实，韧性较强，嫩度较差；马肉质地较脆，韧性较差，嫩度较强。
	看脂肪	牛肉脂肪呈白色，肌纤维间脂肪明显，切面呈"大理石状"；马肉脂肪呈黄色，柔软而黏稠，肌纤维间很少夹杂脂肪。

知 识 链 接

黄牛肉与牦牛肉

　　●黄牛肉：肌肉呈深红色，肉质较软；肥度在中等以上，肌肉间夹杂着脂肪，形成"大理石状"。

　　●牦牛肉：脂肪多，肉质细嫩，味道鲜美，品质优于黄牛肉。

问题家禽

市场上的问题家禽很多：已宰杀的家禽肌肉注水；活家禽塞入泥沙；病死鸡宰杀后销售等。这些严重损害消费者权益，危害人们健康。

辨别方法

识别注水的已宰杀鸡、鸭	• 正常的鸡、鸭，摸起来比较平滑；皮下注过水的鸡、鸭，高低不平，摸起来像长有肿块 • 正常的鸡、鸭肉紧而硬，拍一拍，会有"啪啪"声；注水的鸡、鸭肉有弹性，拍一拍，会有"噗噗"声 • 在鸡、鸭的皮层捏一捏，若明显地感到打滑，是注过水的鸡、鸭 • 扳起鸡、鸭的翅膀仔细查看，如果发现有红针点或乌黑色，那就证明被注过水 • 水被注入鸡、鸭腔内膜和网状内膜里的，只要在鸡、鸭肉上轻轻一抠，网膜很容易破，会有水流满出来
识别塞泥沙的活鸡、鸭	• 用手摸一摸嗉囊，如软绵绵且有弹性，说明喂的是饲料；如果鼓鼓的、发硬，没有弹性，即是塞了泥沙。 • 正常的鸡、鸭看起来很精神，会经常啼叫；塞了泥沙的鸡、鸭呈呆滞状，不会啼叫

假柴鸡蛋

　　某些养鸡场在鸡饲料中添加一种叫"加丽红素"的色素，这种色素能让鸡蛋黄的颜色变成红色，以此冒充柴鸡蛋，高价出售。

　　加丽红素毫无营养价值，如果在人体内超过标准含量，轻则引起胃炎、胃溃疡，重则引起严重贫血、白血病、骨髓病变。长期食用含有色素的食品，可能导致基因病变，如果女性长期吃色素食品，怀畸胎的概率会大大增加。

● 辨别方法

个头	柴鸡蛋个头比一般鸡蛋要小，北方的柴鸡蛋个头比南方的略大
蛋黄	柴鸡蛋的蛋黄要比普通鸡蛋的蛋黄黄，或者稍微发红，肉眼可以辨别出来。如果蛋黄的颜色很红，明显是假柴鸡蛋
蛋皮	柴鸡蛋蛋皮的颜色并不完全一样，有深有浅
是否受精	柴鸡蛋打开后大多蛋黄上有白点，旁边有白色絮状物，这种鸡蛋是受过精的
试煮	柴鸡蛋在打蛋的时候不太容易散，蒸蛋羹或者炒鸡蛋，颜色金黄，口感特别好。而假柴鸡蛋容易打散，煮时很难煮熟，打入锅中十分钟后，大部分蛋黄还是红色的液体

安全辞典

柴鸡蛋	柴鸡是指农户散养、不喂人工饲料的鸡，这种鸡产的蛋叫作柴鸡蛋。由于柴鸡不喂食任何配方饲料、添加剂及色素，故柴鸡蛋的蛋清浓稠透亮，蛋黄的颜色比用人工饲料饲养的鸡产的蛋颜色深，或者颜色稍微发红

国家安全标准

我国对鸡饲料中添加加丽红素有明确的规定，每吨饲料中不得多于 30 克。国外的标准则高于我国，欧盟在 2003 年出台了一个规定，规定鸡饲料每吨允许添加加丽红素 80 克。

知 识 链 接

●营养鸡蛋

在饲料中添加锌、碘、铁等微量元素，鸡食用后，体内发生生物转化，产的鸡蛋就是营养鸡蛋。据营养专家讲，营养鸡蛋适合特定人群，不能乱吃。过多摄入微量元素，反而对人体有害。例如碘，人体内的碘含量多了会导致神经系统的疾病；如果体内铬的含量超过一定程度，就容易引起铬中毒。

●假营养鸡蛋

即用海藻酸钠、食用明胶、白矾、食用色素、盐、味精、奶粉、水、油、氯化钙等添加到鸡饲料中，这样的鸡蛋成本低售价高，对人体健康不利。

变质鸡蛋、鸭蛋

市场上存在变质的鸡蛋、鸭蛋。这些变质的鸡蛋、鸭蛋购买后不能食用，不仅给消费者带来经济损失，如果不慎误食，还会危害消费者健康。

辨别方法

识别新鲜鸡蛋的方法

👁	外观法	鲜蛋外壳有一层白霜粉末，手指摩擦时不太光滑
✋	手摇法	购鸡蛋时用拇指、示指和中指捏住鸡蛋摇晃，没有声音的是鲜蛋，发出声音的是坏蛋
☠	闻气味	用手轻轻握住鸡蛋，对光观察，鲜蛋的蛋白清晰，呈半透明状态，大头有小空室；坏蛋则呈灰暗色，蛋白不清晰，陈旧或变质的鸡蛋还有暗斑，空室较大
	浮沉法	用食盐150克，溶于一小盆水中，将蛋放入盐水中。已产下3天者，会沉到稍离盆底的水中；已产下5天以上者，则浮于水面。另一方法是将蛋放于清水中，尖头向下者为新鲜蛋

识别几种常见变质蛋

陈蛋	蛋壳颜色发暗，失去光泽，摇动时有声响。照光检查，其透明度差，有暗影

霉蛋	蛋壳上有细小灰黑色点或黑斑，这是由于蛋壳表层的保护膜受到破坏，导致细菌侵入，引起发霉变质。照光检查，则完全不透明，此类蛋忌食用
臭蛋	有恶臭味，不透光，打开后臭气更大，蛋白、蛋黄混浊不清，颜色黑暗。此类蛋有毒，不能食用
散黄蛋	因蛋黄膜受损破裂造成，打开后可看见蛋白、蛋黄混在一起，不可分辨。此类蛋若无异味、蛋液较稠，则还可食用
贴皮蛋	因保存时间过久，蛋黄膜韧力变弱，蛋黄移位，紧贴蛋壳。贴皮处呈红色（俗称红贴）者，还可食用；若贴皮处呈黑色并有异味者，表明已腐败，不能食用
白蛋	孵化2~3天发现未受精的蛋叫头照白蛋，蛋壳光滑、发亮，气孔大，可食用。孵化10天左右拣出的未受精的蛋叫二照白蛋，这时蛋内有血丝或血块，除去血丝、血块后，仍可食用

安全辞典

市场上还存在注水鸡蛋，这种鸡蛋因为注入水的水质及注水针头的原因可能带有病毒。

注水后的鸡蛋明显比没有注水的重，所以消费者在购买鸡蛋的时候，最好亲手挑选，掂掂轻重，并查看是否有针孔。

水产品

泡发水产品

泡发水产品应该用干净的温水，但不法商贩为了加快泡发速度，让货品增重，用工业火碱溶液泡发；为了让水产品外观光亮，卖相好，用工业过氧化氢漂白；为了让水产品保鲜持久，就用福尔马林（即甲醛溶液）浸泡。

长期食用含有工业火碱的食品会出现头晕、呕吐等症状，食用过量会导致昏迷、休克甚至癌变。

食用含有工业过氧化氢的食品，不仅会强烈刺激人体胃肠道，还存在致癌、畸形和引发基因突变的潜在危害。

甲醛对人的皮肤和呼吸器官黏膜有强烈刺激作用，对人体的中枢神经系统，尤其是视觉器官、支气管和肺部有强烈刺激作用，损伤人的口腔、咽、食管、胃的黏膜，会导致肺水肿、肝肾充血及血管周围水肿；另外甲醛能和蛋白质的氨基结合，使蛋白质变性，扰乱人体细胞的代谢，对细胞具有极大的破坏作用，可致癌；还会损伤人的肝、肾功能，可能导致肾衰竭，一次食入10毫升以上可致死。

辨别方法

👁 看　　　一般来说，用违禁药物泡发过的水产品，外观虽然鲜亮悦目，但色泽偏红

☻	闻	用上述药物泡发过的水产品有刺激性气味，掩盖了食品固有的气味
✋	摸	用违禁药物浸泡过的水产品，特别是海参，触之手感较硬，而且质地较脆，手捏易碎
👄	尝	用违禁药物浸泡过的水产品，吃在嘴里，会感到生涩，缺少鲜味 不过，凭这些方法并不能完全鉴别出水产品是否使用了违禁药物。若药物用量较小，或者已将鱿鱼、海参、虾仁加工成熟，施以调味料，就较难辨别了，所以消费者要到正规的销售点购买水产品

安全辞典

工业火碱	又名片状苛性钠，是剧毒化学品，具有极强的腐蚀性，食用 1.95 克就能致人死亡
工业过氧化氢	详见"毒猪油"
甲醛	是一种无色、带辛辣味的刺激性气体，特性是沸点低、易挥发，其水溶液称为福尔马林，可使蛋白质变性，医学中常用作防腐剂

国家安全标准

国家安全标准的《食品添加剂使用卫生标准》中，明令禁止使用甲醛。

农业农村部发布的《无公害食品——水发水产品》标准规定，每1千克水发产品中，甲醛含量不得超过10毫克。

染色水产品

为了让水产品卖相更好，不法商贩给水产品染色。染色的水产品有：用柠檬黄、胭脂红、亮藏花精、碱性玫瑰精染色的虾米；腹部用色素染黄，冒充黄花鱼的白鲳鱼，用掺有油漆的黄纳粉染色的小黄鱼；被酱油浸泡成暗红色的海蜇头；用墨汁染色的墨鱼。

食用含有这些工业染料的水产品，毒素会在人体内积存，引发疾病。

辨别方法

识别染色虾米

没加过色素的虾米，外皮微红，但肉是黄白色的；添加了色素的虾米，皮肉都是红的，而且色泽特别鲜艳，比正常虾米要红。

将几只虾米放在杯子里，往杯子里加入开水，一段时间后，如果是染色虾米，水是红色的。有的染料不容易褪色，所以凡是颜色鲜红艳丽的虾米要慎买。

识别染色小黄鱼

用白纸巾在鱼体上擦拭，如果纸巾被染上黄色，小黄鱼被"化妆"过；冷冻的小黄鱼如被染色，冰面或冰水也会呈现黄色，消费者慎买。

安全辞典

亮藏花精	俗称"酸性大红73"，溶于水呈红色，吸附性强，色泽牢靠，主要用于木材的染色，还可用于羊毛、蚕丝织物、纸张、皮革的染色，塑料、香料和水泥的着色，还可制造墨水。这种染料有强致癌性，不能用于食品添加剂
碱性玫瑰精	俗称"洋红"，是用于腈纶、造纸、油漆的染料，对肺部、眼睛、咽喉和肠道有刺激作用
黄纳粉	是工业用染料，属于油漆涂料类，广泛用于装修和木材加工

知识链接

工业染料与食用色素

染色虾米添加的着色剂主要分为四种：一是亮藏花精；二是碱性玫瑰精；三是胭脂红；四是柠檬黄。

前两种工业染料属《食品卫生法》规定禁止使用的非食用化学物质，使用后的虾米被称为"毒虾米"。后两种属食品添加剂——食用色素，但国家水产品行业标准规定，虾米在加工过程中不得添加任何着色剂，因此它们也属于禁止添加之列。

不法商贩把发霉的虾用过氧化氢漂白，加入色素制成虾米，这样的虾米食用后危害更大。建议购买食物选择正规销售点。

柴油鱼

为了使长途运输中的鱼保持鲜活，销售者在水中加入柴油。由于加入柴油的水空气稀薄，于是鱼会不停游动，这样的鱼被称为"紫油鱼"。

柴油中含多种重金属，大多对人体有危害，食入少量就会刺激肠胃，出现呕吐症状，短期内难以恢复。

辨别方法

（1）买鱼最好到正规的菜市场和超市。

（2）购买时先仔细闻闻，看有没有异味。

（3）在放了柴油的水里游过的鱼，身上会有油光，有细小油珠附在鱼鳞上，亮度相对明显。

受污染鱼

含有各种化学毒物的工业废水排入江河湖海，会污染生活在这些水域里的鱼类，使其中毒或畸变。人吃了带毒的鱼，可能中毒甚至发生癌变。

辨别方法

鱼形	受污染严重的鱼形体不整齐，头大尾小，脊椎弯曲甚至畸形，或者鳞、膜发黄，尾部发青
鱼眼	鱼眼睛混浊，失去正常光泽，或者向外鼓出
鱼鳃	有毒的鱼鳃不光滑，呈暗红色

吃避孕药的黄鳝

　　黄鳝是雌雄同体，小时候为雌性，在生长过程中会慢慢变成雄性，在激素类药物作用下黄鳝可以早熟。由于雄性个头比雌性大，卖价好，有的养殖者会在喂养黄鳝时投以避孕药等激素类药物来催肥。

　　食用这种黄鳝对人体的危害极大：成人食用这种黄鳝可能导致肥胖或不孕症；未发育完全的儿童经常食用这种黄鳝就会造成儿童性早熟。

辨别方法

　　目前还没有可靠的方法迅速、准确检测出吃避孕药的黄鳝，根据它的催肥作用，过于肥大的黄鳝慎买。另外不要让儿童经常食用黄鳝，每次食用的量也要有限制。

安全辞典

避孕药	含有大量的激素，它的避孕原理就是利用激素控制精子和卵子的成熟

知识链接

　　人工养殖的蛇、乌龟、螃蟹中都可能有这类激素，所以尽量少让儿童吃此类食品。

毒海带

　　买海带不能只讲鲜翠漂亮，因为一些商家往往用化工染料浸泡海带。经过这样处理的海带，由原来的土黄绿色变得鲜翠，几乎没有异常味道，很难辨认。

　　使海带变漂亮的化学物品是"连二亚硫酸钠"和"碱性品绿"，都是工业原料，长期食用危害健康。

辨别方法

　　正常海带的颜色应该是暗绿色或墨绿色，"毒海带"颜色为翠绿色，鲜艳异常。另外，染色后的海带皱褶处与其他部位明显颜色不一。

安全辞典

连二亚硫酸钠	也称为保险粉，是一种白色砂状结晶或淡黄色粉末化学用品，不溶于乙醇，溶于氢氧化钠溶液，遇水可发生强烈反应并燃烧。连二亚硫酸钠有毒，对眼睛、呼吸道黏膜有刺激性，它广泛用于纺织工业的还原性染色、还原清洗、印花和脱色及用作丝、毛、尼龙等织物的漂白，长期食用会影响视力、肝脏、肠胃，还可能造成多种癌变
碱性品绿	又称盐基品绿、孔雀绿、碱性艳绿，是一种工业用染色剂，主要用于腈纶、蚕丝、羊毛、皮革、纸张、木材等的染色及制造溶剂染料、阳离子染料。长期食用含有碱性品绿的食品，其毒性在人体内长期蓄积，易发生癌性病变

干货

硫黄干货

消费者在选购食品的时候，都喜欢那些看上去干净而光亮的干货，于是一些不法商贩用各种方法来"美化"干货。其中化学方法——硫黄熏蒸，就是常用的方法之一，银耳、干辣椒、红枣等干货是硫黄熏蒸的常见对象。人食用硫黄熏蒸食品后，对身体健康危害极大。

辨别方法

银耳

	色泽	普通银耳，颜色是很自然的淡黄色，如果颜色过白，就要小心
	形状	普通的银耳朵形是完整而紧硬的，经硫黄熏蒸过以后松散且软蔫

干辣椒

	颜色	用硫黄熏制的辣椒比普通辣椒的表面光滑，色泽光亮，辣椒边角可能出现腐烂的痕迹
	辣椒子	硫黄熏制的辣椒子是白色的，而普通的辣椒子是黄色的

红枣

	硫黄熏制的红枣外皮很有光泽，亮如涂蜡，掰开会发现里面的肉发白

毒瓜子

在瓜子处理中加入明矾、工业盐、滑石粉、工业石蜡、矿物油等，这样的瓜子不易受潮变软，外观油亮，就是"毒瓜子"。

这些化学物品不在炒货允许使用的食品添加剂范围内。长期食用明矾加工过的瓜子，轻者会使人抑郁、烦躁，严重者会造成肾功能衰竭、患上尿毒症；工业盐中的水溶性杂质高，也没有加碘，食用对人体有害；滑石粉不属于食品添加剂，食用后有相当大的不良反应；工业石蜡中含有一种强烈的致癌物质；矿物油进入人体后，会刺激人体的消化系统，轻则可出现头晕、恶心、呕吐等症状，重则诱发神经系统疾病，另外如果大量嚼食含有矿物油的瓜子，会有嘴发麻、对烟敏感、易咳嗽和咽喉痛等症状。

辨别方法

👁	看表面	用工业盐加工的瓜子表面有大量的盐结晶（俗称盐霜），且瓜子存放时容易结成块状。用碘盐加工的瓜子则不会出现此类情况
✋	用手抓	用工业石蜡抛光的瓜子，滑溜，有抓不住的感觉
	顺坡滑	在购买散装瓜子时，把瓜子放在托盘内，将托盘倾斜大约45°角时，如果瓜子从托盘顶端滑落，表明这些瓜子可能被工业石蜡抛光过

| 用火烧 | 抓一把瓜子放入水中，如果有油花漂上来，说明是用矿物油加工的 |
| 购买地点 | 购买散装瓜子时最好到正规商店和超市购买，产品安全有保障 |

安全辞典

明矾	又名白矾，是明矾石的提炼品。明矾的化学成分为硫酸铝钾，含有铝离子，过量摄入会影响人体对铁、钙等成分的吸收，导致骨质疏松、贫血。铝在人体内沉积，还会对人的机体造成损害。早期症状表现为身体虚弱、抑郁、焦躁、记忆力衰退，严重的会造成肾功能衰竭、尿毒症，如果在脑内沉积过多会造成痴呆和帕金森病
工业盐	是一种化学物质——亚硝酸钠，有咸味，无臭，外形似食盐。除在化学工业应用外，在建筑业上用作钢筋的防锈剂，人食用后会中毒
滑石粉	详见"掺假面粉"
工业石蜡	一般都是从石油当中直接提取，学名叫高沸点饱和烷烃，在工业提取过程当中含有一类杂质叫作多环芳烃，或者是稠环芳烃，这两类物质是非常强的致癌物，在食品当中是绝对不能添加的
矿物油	详见"毒大米"

毒栗子

炒栗子之前要用糖稀浸泡生栗子，糖稀的分量、质量和浸泡时间的长短直接影响糖炒栗子的质量和成色。不法商贩用价格相对较低的工业糖精代替糖稀浸泡栗子，既能增加分量，口感又甜。还有些小商贩在炒制栗子的过程中加入桐油，这样炒制的栗子看上去特别光亮新鲜。

工业糖精对健康有危害；桐油是工业用油，它损害人体的肝、肾和肠道等器官，严重的会引起休克，甚至导致死亡。

辨别方法

（1）用糖精泡过的栗子湿软，剥开看看即能识别。

（2）购买炒货时颜色过于鲜亮的，手感特别滑溜的慎选。

（3）最好到正规的销售点去购买。

安全辞典

糖精	化学名称为邻苯甲酰磺酰亚胺，市场销售的商品糖精实际是易溶性的邻苯甲酰磺酰亚胺的钠盐，简称糖精钠。糖精钠的甜度为蔗糖的 450～550 倍，其 1/10 万的水溶液即有甜味感，浓度高了会出现苦味 制造糖精的原料主要有甲苯、氯磺酸、邻甲苯胺等，均为石油化工产品，这些物质在人体中长期存留、积累，不同程度地影响着人体的健康

毒粉丝

　　煨制各种汤煲，粉丝是主要配菜之一。但五颜六色的粉丝慎买，因为可能经过硫黄熏制，可能用色素和工业蜡染过，也可能经吊白块漂白过。而粉丝晶莹剔透是增白剂的作用，市场上还有用农用碳酸氢铵化肥、氨水提取下脚料淀粉（黑色，含大量杂质）制作的粉丝。

　　人体摄入含有氨残留的食品后，转化成亚硝酸盐一类致癌物，不仅对呼吸道、消化道系统的黏膜造成伤害，还会对人体的中枢系统造成破坏，出现语言障碍、视物模糊等症状。

◦ 辨别方法

🔥	闻气味	硫黄熏制过的粉丝有刺鼻的酸味或硫黄味等怪味
👁	看外表	加入色素和工业蜡的粉丝，会带有其他颜色，且粗细不均
👄	品口味	优质粉丝爽口无异味；有毒粉丝吃起来有酸味、怪味
	用火烧	用打火机点燃粉丝，优质粉丝不容易燃烧，加入化学物质的粉丝很容易燃烧
	上锅煮	优质粉丝通常煮15分钟以内不会烂，毒粉丝放在锅里煮2~5分钟就烂，如果在煮粉丝时发现这种情况，一定不要食用

● 安全辞典

硫黄	详见"硫黄馒头"
吊白块	详见"毒大米"
增白剂	详见"增白剂超标面粉"
碳酸氢铵	是一种氮肥,有强烈的氨气味,易溶于水,在农业上用作基肥和追肥
氨水	具有较强的刺激性臭味、腐蚀性,主要用于生产农业肥料

知 识 链 接

粉丝有豆类、禾谷类、薯类和混合类几种,原料决定粉丝的质量,不同原料生产出来的粉丝其颜色是不一样的。

在豆类粉丝中,以绿豆粉丝品质最佳,它的颜色洁白光润,在阳光照射下,银光闪闪,呈半透明状。蚕豆粉丝虽也洁白光润,但不如绿豆粉丝细糯、有韧性。其他杂豆粉丝,外观色泽白而无光,品质与蚕豆粉丝相近。

以玉米、高粱制成的禾谷类粉丝,色泽淡黄。

薯类粉丝色泽土黄,暗淡不透明。土豆粉丝微青色;木薯粉丝灰白色;山芋粉丝,纯正产品是青灰色,过黄过绿都是滥加食品添加剂所致。

劣质粉丝一般以绿豆粉掺以速豌豆、蚕豆粉为原料,也有干脆加玉米淀粉的,这种粉丝生时易断、煮时易烂。

问题黑木耳

黑木耳吸溶性很大，糖、盐以及很多其他物质都能吸收进去，经过硫酸镁浸泡后，500 克木耳可达到 1500 克左右。因此有利欲熏心的商贩用硫酸镁浸泡黑木耳来增加重量，还有人把地耳用墨汁染色来冒充黑木耳。地耳没营养价值，而且成本很低。

食用这些问题黑木耳，其所含的大量硫酸镁会引起经常性腹泻，使人体酸碱平衡失调；墨汁也可能致人中毒。

辨别方法

👁	颜色	纯正的黑木耳正面是黑褐色，背面是灰白色。用硫酸镁浸泡过的木耳两面都是黑褐色，且油光发亮；地耳呈黄褐色；染色木耳呈墨黑色
👄	味道	黑木耳味道自然，有纯正的清香味。染色的木耳有墨汁的臭味
	口感	纯正木耳嚼起来清香可口。用硫酸镁浸泡过的木耳嚼起来又苦又涩，难以下咽
	掉色	如果把黑木耳泡在清水里，水就变成墨黑色的是染色木耳

问题竹笋

竹笋就是竹子的嫩芽，因为它味道鲜美，又是粗纤维食品，人们都爱吃，但易变质。不法商贩为了使竹笋长时间储存而不变质，在竹笋中加入工业盐、硫黄，这就是"问题竹笋"。

硫黄和工业盐里含有很多重金属，少量食用会伤害内脏，大剂量食用会导致智力衰退、发生呆傻。因此硫黄和工业盐不能作为直接入口食品的添加剂。

辨别方法

鲜竹笋呈现白色，微黄（黄色越重并透棕色表明越老），有竹子的清香，口尝舌尖稍有苦涩感。如果舌尖有强烈刺激性辣的感觉，闻之感觉刺鼻，则表明有硫黄残留，应倍加警惕。

知识链接

除馒头、粉丝、木耳、竹笋外，用硫黄熏制的食品还有很多，下面是一些识别小窍门：

（1）芋头：用硫黄熏过的芋头表面极白，长时间保存而不易腐烂；未被熏过的芋头去皮后马上就会发黄发黑，易腐烂。

（2）蘑菇：用硫黄熏制的蘑菇发白，新鲜发亮，颜色统一；未经过熏制的蘑菇上有杂色与其他斑点。

 **蔬菜及其制品**

农药残留超标蔬菜

我国目前生产和使用的农药大致分为五类，农药残留超标的蔬菜和水果，严重危害人体健康。

1. 有机磷农药

应用最广泛的农药，长期少量接触有机磷农药可能出现慢性中毒症状：头痛、头晕、恶心、视物模糊。若短时间内食入、吸入或皮肤大量接触会出现急性中毒症状，主要表现为：

（1）毒蕈碱样症状：恶心呕吐、腹痛腹泻、流涎多汗、呼吸困难、肺水肿、大小便失禁。

（2）烟碱样症状：肌束震颤，肌肉痉挛、麻痹等，最后发展为全身抽搐、呼吸麻痹而死亡。

（3）中枢神经系统症状：嗜睡、剧烈头痛、喷射性呕吐，严重者出现中枢性呼吸衰竭而死亡。

2. 氨基甲酸酯类农药

属中、低毒性农药，可经呼吸道、消化道侵入人体，也可经皮肤、黏膜缓慢吸收，中毒症状与轻度有机磷农药中毒相似，如中毒严重时，可发生肺水肿、脑水肿、昏迷和呼吸抑制。

3. 杀虫脒

经皮肤吸收或误食而中毒，表现为：嗜睡、尿急；

重者昏迷，出现明显发绀和血尿。

4. 溴氰菊酯（凯素灵）

中毒症状主要表现为：皮肤刺激，有烧灼感，红斑、丘疹，神经系统症状表现为：恶心、肌肉跳动、视物模糊。

5. 百草枯

毒性非常强，损害肾小管，导致蛋白尿、血尿，引起肾功能衰竭，还会造成心、肝、肾上腺中毒，引起相应症状和体征，另外极易引起进行性呼吸困难，严重者导致呼吸衰竭而死亡。

● 辨别方法

由于农药种类有几百种，且残存在蔬菜上的农药一般都是微剂量，所以检测程序非常复杂，设备也非常专业，即使专业的检测人员检测起来也有一定难度。为降低蔬菜水果中的农药残留量，建议消费者采用如下措施：

1. 时间要对

（1）尽量选购当令盛产的蔬果。

（2）在自然灾害或节假日前后，应避免抢购蔬果，以防止买进人们为抢收而增加农药喷洒剂量或频次的蔬果。

2. 种类要多

（1）不要偏食某些特定的蔬果。

（2）可选购有品牌，且农药残留检验合格的蔬果，因其管理和申诉渠道较为健全，且部分蔬果还会标明产地来源，消费者购买有保障。

（3）可选购含农药概率较小的蔬果，如：具有特殊气味的洋葱、大蒜、九层塔；对病虫害抵抗力较强的龙须菜；需去皮才可食用的马铃薯、甘薯、冬瓜、萝卜；有套袋的蔬果。

（4）可选购信誉良好的蔬果加工品（如罐装及腌渍蔬果等）或冷冻蔬菜，因为上述的蔬果于加工过程中已除去大部分农药。

3. 外观正常

（1）外形过于美观的蔬果慎买，可能经过"特殊照顾"。

（2）蔬果表面有药斑，或有刺鼻的化学药剂味时，表示可能有残留农药，应避免选购。

4. 清洗干净

（1）以蔬果专用清洗配方清洗蔬果。

（2）外表不平或多细毛的蔬果（如芭乐、奇异果等），较易沾染农药，因此食用前最好去皮，若不去皮，务必以蔬果清洗配方及清水多冲洗后再食用。

（3）需要去皮的蔬果，务必先以蔬果清洗配方及清水冲洗，否则刀上所沾染的农药会对蔬果内部造成二次污染。

（4）能连续长期采收

的蔬菜，如菜豆、豌豆、韭菜花、小黄瓜、芥蓝等，需要长期且连续地喷洒农药。消费者食用时要多次清洗，以降低其农药残留量。

（5）有机磷和氨基甲酸酯类农药，遇到淘米水等碱性物质时，会发生中和作用而使农药的毒性降低。用淘米水清洗果蔬时，一般需浸泡十几分钟，然后用清水漂洗干净。

国家安全标准

（1）国家明令禁止使用的农药：六六六、滴滴涕、毒杀芬、二溴氯丙烷、杀虫脒、二溴乙烷、除草醚、艾氏剂、狄氏剂、汞制剂、砷、铅类、敌枯双、氟乙酰胺、甘氟、毒鼠强、氟乙酸钠、毒鼠硅。

（2）在种植或加工蔬菜、果蔬、茶叶、中草药材时不得使用和限制使用的农药：甲胺磷、甲基对硫磷、对硫磷、久效磷、磷胺、甲拌磷、甲基异柳磷、特丁硫磷、甲基硫环磷、治螟磷、内吸磷、克百威、涕灭威、灭线磷、硫环磷、蝇毒磷、地虫硫磷、氯唑磷、苯线磷。

（3）三氯杀螨醇、氰戊菊酯不得用于茶树上。

（4）任何农药产品都不得超出农药登记批准的使用范围使用。

安全提示

一旦出现蔬菜农药残留超标中毒症状，中毒者及家人首先应镇定，并采取必要的急救措施：迅速将患者移至通风处，松解衣领、裤带；有毒物接触皮肤的可用肥皂水冲洗；污染眼睛的可用生理盐水冲洗；毒物进入肠胃可催吐洗胃；必要时应立即将中毒者送入医院救治。

知 识 链 接

中暑与蔬菜农药中毒

夏季高温闷热，容易发生中暑，同时也是蔬菜农药残留超标中毒事件高发期。由于农药中毒与夏季中暑有类似症状，因此中毒者容易被人们忽视或误认为是中暑，导致错过最佳救治时间，所以正确识别是否农药中毒十分必要。

夏季中暑是因人体对外热不适应造成的生理功能紊乱，抑制人体中枢神经，其症状是发热、出汗、头晕，严重的会导致休克。

目前蔬菜农药中毒多为有机磷类农药中毒，其初始症状与夏季中暑反应类似，但蔬菜农药中毒是急性症状，且中毒者此前不久都有蔬菜饮食记录。

农药中毒症状出现的时间及严重程度与毒物侵入人体的侵入方式、毒性大小、侵入量有关。在接触后半小时至八小时内出现的症状有：头晕、头痛、恶心、呕吐、食欲减退、倦乏、四肢发麻无力、视物模糊。中毒较严重者，除以上症状外，并有腹痛、腹泻、肌肉颤动、出汗、精神恍惚、言语障碍、瞳孔缩小。更严重者将出现昏迷痉挛、大小便失禁、瞳孔缩小、呼吸麻痹。

变色蔬菜

为了让不起眼的菜品陡然增辉，不法商贩用焦亚硫酸钠和连二亚硫酸钠给荸荠上色，用硫黄熏制生姜、胡萝卜，用色素为茄子、香椿染色……

而这些染色剂都是工业原料，长期食用会对人的肝脏和肾脏造成很大的危害。

辨别方法

（1）颜色过于鲜亮的荸荠慎购。食用荸荠前用清水洗净，最好浸泡半小时。

（2）用硫黄熏过的生姜非常白嫩，而且外皮已脱落，手感很好。

（3）湿的胡萝卜一般都是被硫黄熏过的，而且还往外渗水，放在冰箱里几天就会发黏变成黑色。购买时要挑选带土的胡萝卜。

（4）用色素染过的茄子颜色鲜亮，用手使劲擦一下，手上会有紫色痕迹，用水清洗的时候水会变紫，菜刀轻轻一刮就会在刀上留下深紫色物质，用刀切茄子还会把皮上的颜色染到瓤里。

（5）染色的香椿鲜绿发亮，在用水清洗的时候，水会变绿。香椿食用前在开水里烫一下，这样可以减少色素残留。

化肥豆芽

豆芽的正常生产周期多为 11 ~ 15 天，一些商贩为缩短生产周期，往豆芽上喷洒尿素等化肥或用激素催生；加入除草剂或无根剂减少豆芽的须根；加入保险粉保持豆芽的白嫩。

发豆芽时大量使用化肥，将导致豆芽内硝酸盐含量大幅度升高，食用后硝酸盐进入人体内，经细菌分解后，变成亚硝酸盐，可能致癌。用激素类药催生的豆芽同样对人体有很大危害，如除草剂含有致癌、致畸、致突变的物质，如"杀草强"可引起甲状腺癌，"除草醚""西玛津""科谷隆"有致突变、致畸作用。长期食用这样的豆芽，后果不堪设想。

◆ 辨别方法

👁	观外形	化肥催生的豆芽一般根须不发达或无根须；芽体粗壮，较正常豆芽长；芽体脆，掰开后会有水冒出；施用化肥多的，还会有子叶发绿发青、口感苦涩的现象
	看存期	在夏天保存几天都不打蔫的是加了保险粉的豆芽
💧	闻气味	消费者可以拿一小把豆芽放在碗里，用开水烫一下，如果有臭鸡蛋味或近似臭鸡蛋味，就可以肯定豆芽里面含有大量的硫制剂

安全辞典

尿素	是白色颗粒或结晶状的固体化肥，用氨和二氧化碳直接合成，是目前含氮量最高的中性速效氮肥，适用于各种农作物生长，还可作工业原料
保险粉	又叫连二亚硫酸钠，用于染料、服装、纺织品的漂白。若消费者长期食用，不但会影响视力，还会影响肝脏、肠胃功能，更为严重的是，这些化学成分积累起来很可能造成多种癌变
无根剂	是一种能使豆芽细胞快速分裂的激素类农药，同氮肥一样对人体都有致癌、致畸形的作用

安全提示

（1）豆芽质嫩鲜美，营养丰富，但吃时一定要炒熟，否则大量食用后会出现恶心、呕吐、腹泻、头晕等不适反应。

（2）绿豆芽鲜嫩味美，富含维生素等营养成分。但是发豆芽时不要使豆芽发得过长，豆芽过长会使营养素受损。

知识链接

加入二氧化硫的蚕豆表面青亮而新鲜，购买时需要注意。

毒韭菜

韭菜根部易生"韭菜蛆",这种蛆对一般农药有抗药性,因此很难杀死。黑心菜农用剧毒农药 3911 浇灌韭菜的根部,达到良好的杀虫效果,这样的韭菜被称为"毒韭菜"。

3911 残留可导致食用者头痛、头晕、无力、恶心、多汗、呕吐、腹泻,重症可出现呼吸困难、昏迷、血液胆碱酯酶活性下降。另外,3911 在人体内不容易被分解,长期食用这种有毒韭菜,体内的毒素积聚,从而诱发疾病。

● 辨别方法

(1)叶子看上去肥厚、宽且长、色深的可能是毒韭菜,购买时要慎重。

(2)目前专业检测仪器很难检测出农药残留的量;韭菜的特殊气味,有掩盖残留农药的味的可能。建议消费者在食用韭菜前用淡盐水浸泡 6 小时左右,以防万一。

● 安全辞典

3911	甲拌磷乳油,属国家明令禁止用在蔬菜上的剧毒农药

工业盐泡菜

为了降低成本，延长保鲜期，杀虫、增色，不法商家用工业盐、苯甲酸钠、敌敌畏、色素炮制"工业盐泡菜"。这样的泡菜食用过量会导致智力低下，长期大量食用可能引起急性胰腺炎、胃出血、胃穿孔。

辨别方法

	看颜色	买泡菜，应先看看这种泡菜的包装，包装里面的泡水和酸菜的颜色相近，就是好泡菜。质量不好的泡菜，汤是黄色的，包装内还有杂物，可能加了色素
	看质地	好的泡菜的杆是脆的，和粉丝一起煮，汤和粉丝都是白的；不好的泡菜杆是软韧的，和粉丝一起煮，汤和粉丝都是黄的

安全辞典

工业盐	详见"毒瓜子"
敌敌畏	详见"敌敌畏火腿"
苯甲酸钠	是白色无定形粉末（或条状、球状颗粒），易溶于水，微溶于乙醇，广泛用作食品和医药的防腐剂，也用于汽车防冻液、钢铁防锈和塑料配料中

毒蘑菇

　　野生蘑菇因其味道鲜美，颇受消费者喜爱。但野生毒蘑菇偶尔会流入市场，人若误食会中毒，严重者致死。所以消费者在购买时应认真识别。如果自己有兴趣到野外去采蘑菇，更要仔细辨认。

辨别方法

一观察

	看生长地带	无毒蘑菇多生长在清洁的草地或松树、栎树上，出售常残留草梗、松针、栎树叶等；毒蘑菇往往生长在阴暗、潮湿的肮脏地带，出售时常带有泥土、污物及腐败树叶等
	看颜色	毒蘑菇菌盖颜色鲜艳，有红、绿、墨黑、青紫等颜色，紫色的有剧毒
	看形状	无毒蘑菇菌盖较平滑，菌秆上无菌轮、下无菌托，菌秆短，不易折断；毒蘑菇菌盖中央呈凸状，形状怪异，菌盖厚而硬，菌秆上有菌轮、下有菌托，菌秆长，易折断
	看分泌物	将蘑菇撕断菌秆，无毒的分泌物清亮如水（个别为白色），菌盖撕断不变色；毒蘑菇分泌物浓稠，呈赤褐色，撕断后在空气中易变色

二鉴别

☠	闻味	无毒蘑菇有特殊香味；有毒蘑菇有辛辣、酸涩、恶腥等味
	葱试	用葱在蘑菇盖上擦一下，如果葱变成青褐色，证明有毒，不变色则无毒
	煮试	在煮野蘑菇时，放几根灯芯草、些许大蒜或大米，待蘑菇煮熟后，灯芯草变成青绿色或紫绿色则蘑菇有毒，变黄则蘑菇无毒；大蒜或大米变色则蘑菇有毒，没变色则蘑菇无毒
	酸试	将蘑菇用挤压方式取出汁液，用纸蘸此汁液浸湿后，立即在上面加一滴稀盐酸或白醋，若纸变成红色或蓝色则有毒

知 识 链 接

中毒表现

　　毒蘑菇大多数在食后一到两小时即可引起剧烈呕吐、腹痛、腹泻（米汤样或带血的水样粪便）。中毒轻者出现流涎、大汗淋漓、肌颤、瞳孔缩小；重者昏迷、抽搐、休克、肝大、黄疸、胃肠出血；更严重者还会出现谵妄、烦躁不安等症状，甚至呼吸麻痹致死。

水果

霉变甘蔗

未成熟甘蔗收割后储存不当，容易发生霉变。

霉变甘蔗含有神经毒素 3- 硝基丙酸，进食这种甘蔗 2 ～ 8 小时后会出现以中枢神经系统损伤为主的中毒症状：最初为呕吐、头晕、头痛、视物模糊，进而出现瞳孔侧偏、凝视、阵发性抽搐、四肢僵直、屈曲、内旋，手指呈鸡爪状，大小便失禁，严重者出现昏迷、呼吸衰竭、死亡，病死率及后遗症出现概率达 50%。

辨别方法

优质甘蔗外皮有光泽，质地较硬，瓤部肉质清白、滋味甘甜；霉变甘蔗外皮失去光泽，质地较软，瓤部肉质一般呈浅棕色，有酒糟味或酸霉味。

知识链接

甘蔗的营养价值很高，它含有水分比较多，水分占甘蔗的84%。甘蔗含糖量最为丰富，其中的蔗糖、葡萄糖及果糖，含量达12%。另外，甘蔗还含有天门冬氨酸、谷氨酸、丝氨酸、丙氨酸等多种有利于人体的氨基酸，以及维生素 B_1、维生素 B_2、维生素 B_6 和维生素 C 等。甘蔗的含铁量在各种水果中，雄踞"冠军"宝座。

催熟水果

催熟水果就是被化学药物催熟的水果，如用激素催熟的草莓；被硫黄熏熟的香蕉；用膨大剂催大的西瓜；用乙烯利浸泡的葡萄；被催熟剂、香精、明矾和敌敌畏共同炮制过的荔枝……

食用激素催熟的水果，可能导致儿童性早熟；食用硫黄熏蒸的水果，水果中残留二氧化硫会诱发哮喘等病症；膨大剂超量使用和长期摄入乙烯利会损害健康。

辨别方法

看形色、尝味道

尽管催熟的果实呈现成熟性状，但果实的皮或其他部分还会有不成熟的表现，举例如下：

西瓜	自然成熟的西瓜，由于光照充足，所以瓜皮花色深亮、条纹清晰、瓜蒂老结、味道甘甜；催熟的西瓜瓜皮上的条纹不均匀，切开后瓜瓤特别鲜艳，可瓜子却是白色的，口感有异味
杧果	自然成熟的杧果，由于生长过程中有向阳面和背阴面，杧果颜色不均匀，口尝味正；而催熟的杧果只有小头顶尖处果皮翠绿，其他部位均发黄。自然熟的杧果较硬、有弹性，催熟的杧果整体较软，口尝有异味

草莓	那些中间有空心、硕大且形状不规则的草莓，一般为激素过量所致。用了激素类药的草莓，颜色鲜艳，但果味很淡
香蕉	用氨水或二氧化硫催熟的香蕉表皮嫩黄，但果肉口感很硬，丝毫不甜
桂圆	一般新鲜的桂圆表皮较黑、无光泽、颗粒硬、有弹性，味甜、无杂味；经过硫黄熏制的桂圆表皮多为白色，很软、有光泽，气味刺鼻，肉汁有异味
猕猴桃	优质猕猴桃果形规则，多为长椭圆形，呈上大下小状，果脐小而圆，向内收缩，果皮呈黄褐色且着色均匀，果毛细而不易脱落，切开后果芯翠绿，酸甜可口；而使用了"膨大剂"的猕猴桃果实不甚规则，果脐长而肥厚，向外突出，果皮发绿，果毛粗硬且易脱落，切开后果芯粗，果肉发黄，滋味很淡

闻气味

自然成熟的水果，有果香味；催熟的水果有异味。催得过熟的水果有发酵气息

称分量

催熟的水果分量重。同一品种大小相同的水果，催熟的、注水的水果与自然成熟的水果相比要重很多。例如，正常猕猴桃一般单果重量只有80～120克，而使用膨大剂后的猕猴桃，单果重量可达到150克以上，有的甚至可以达到250克

查上市日期

如果水果在其成熟期之前半个月至一个月左右上市，颜色又招人喜爱，这样的水果就有可能使用了催熟剂，即使没用，味道也不会好，营养价值也不高

安全辞典

乙烯利	又名乙烯磷、一试灵，是一种化学合成制剂，含有微毒，是能促进植物成熟的生长调节剂，适用于橡胶树催乳、促进棉花、西红柿早熟，矮化小麦、水稻、玉米，增加黄瓜、南瓜雌花等。乙烯利具强酸性，能腐蚀金属、器皿、皮肤及衣物。食用被喷洒了乙烯利的水果时，一定要多次清洗
膨大剂	化学名称叫细胞集动素，属于激素类化学物质

知识链接

反季节水果与催熟水果

反季节水果是人为制造小环境、小气候条件，营造一定的湿度、温度、土壤条件种植出来的水果，这些水果食用后对人体没有影响。

催熟水果有两种，一种是被添加了化学物质催熟、保鲜的水果，它们也是反季出现的；另一种是离成熟期不远时，为了让水果提前几天上市，而用药物把果子催熟。这两种催熟水果食用后对人体健康造成影响，儿童避免食用。

催熟西红柿

催熟的西红柿多为反季节上市，大小通体全红，手感很硬，外观呈多面体，掰开一看子呈绿色或未长子，瓤内无汁；而自然成熟的西红柿蒂周围有些绿色，捏起来很软，外观圆滑，而籽粒是土黄色，肉质红色、沙瓤、多汁。

注水水果

运输或销售过程中被注水的水果即注水水果。

因为水果中注入的水大多是不洁水，水果内的细菌可能超标，影响水果的营养价值，对人体也有危害。

辨别方法

荔枝	注水的荔枝摸起来软、滴水，吃起来发涩、没有甜味
西瓜	注水的西瓜能闻得出自来水的漂白粉味
桃子	表面毛茸茸，摸上去有刺痛感的是没有被洗衣粉水泡过的

饮品

染色茶叶

　　为了让绿茶有好卖相，黑心茶农用色素给绿茶染色，用白糖给绿茶造型。

　　人工合成的色素中含有某些有机成分，会危害人体的血液功能。长期饮用带色素的茶叶损害健康。

辨别方法

👁	看	看茶叶整体是否有杂质，单叶是否饱满，颜色是否鲜明
👃	闻	自然的茶叶有茶香，染色茶叶气味刺鼻
✋	泡	自然的茶叶泡出来的茶汤清晰见底，而染色的茶叶泡出来的茶汤混浊，颜色浓烈
👄	品	自然茶叶能够真正让人生津止渴，而染色茶叶则会让人越喝越渴

国家安全标准

　　根据绿茶制作的国家安全标准，绿茶不得着色，不得添加任何非茶类物质，色素和白糖当然也在非茶类物质之列。

工业酒精勾兑白酒

近年来，不时发生用工业酒精勾兑白酒，因酒中甲醇含量超标而致人伤亡的事件，消费者在购买酒类时要谨慎。

服用甲醇后 8 ~ 36 小时表现出发病症状，轻者表现为头痛、头晕、乏力、步态不稳、嗜睡等；重者则表现为意识模糊、昏迷、癫痫样抽搐、休克，甚至导致死亡。

辨别方法

（1）缓慢倒置酒瓶，真酒酒液仍呈透明无色状，瓶底光亮清澈。假酒则呈混浊状，并有悬浮物或沉淀物。

（2）真酒有特有的酒香，芬芳馥郁，香味谐调，口味柔和，不呛嗓，不上头。假酒香气不纯，有杂味、辣味，刺激咽喉部，上头。

安全辞典

工业酒精	主要成分是甲醇，人体摄入甲醇 5 ~ 10 毫升就会中毒，30 毫升的甲醇可致人死亡

安全提示

农贸市场销售的散装白酒慎购，因为散装白酒多为小作坊生产，即使不是用工业酒精勾兑的，卫生状况也令人担忧。

●调味品

"毛发水"酱油

　　用人发、畜禽杂毛（秆）、蹄、角、爪等废料制造出的"毛发水"中所含的动物角质蛋白在强酸（盐酸或硫酸）及高温高压下，水解出的溶液加盐、色素、香精、水，配兑成假酱油。这种酱油即称"毛发水"酱油。

　　人和动物的毛发水解液，含有砷、铅等有害物质。水解毛发时，使用了工业盐酸，且在配兑酱油时加入的酱色中，含有四甲基咪唑，人食用后会发生慢性中毒、惊厥，诱发癫痫，甚至致癌。

●辨别方法

消费者要购买优质酱油，方法如下：

👁	看外观	取少量酱油放在白底瓷碗内：合格酱油液汁澄清，色泽鲜亮，呈棕褐色或红褐色，轻摇瓷碗，优质品黏稠，对碗壁附着力强，留色时间长；伪劣品色泽发乌、混浊、淡薄，有的可见沉淀物或霉花浮膜（即长一层白皮），轻摇瓷碗，附在碗壁上的时间短，炒菜不上色
👃	嗅气味	优质品有宜人的豉香，酱香浓郁；假冒、劣质品有焦苦味、糖稀味，香气不纯，甚至没有香味

👅	尝味道	优质品味鲜适口，醇厚协调，稍有甜感，回味悠长；假冒、劣质品味感咸苦，无鲜味，甚至有酸、涩等异味
✋	搅拌	优质品因含较多有机质，用筷子搅拌会起大量泡沫，经久不散；伪劣品由于可溶性固形物、氨基酸含量低，搅拌后泡沫少，一摇就散

安全提示

"毛发水"酱油中含一种特殊的物质——胱氨酸，所以含这种物质的酱油就可以确定为"毛发水"酱油。这种物质消费者无法自行检测，但是这种酱油通常都是散装酱油。所以消费者尽量不要购买散装酱油和来路不明的酱油，降低买到"毛发水"酱油的可能性。

知识链接

生抽与老抽

生抽和老抽都是经过酿造发酵而成的酱油，但它们又有各自的特点和作用。

生抽颜色比较淡，呈红褐色，一般是用来烹调提鲜的，尝起来味道较咸；做一般的炒菜或者凉菜的时候用得多。

老抽加入了焦糖色、颜色很深，呈棕褐色、有光泽，味道鲜美微甜；一般做红烧等需要上色的菜时使用比较好。

三氯丙醇超标酱油

酱油的制作大致分为两种。一种是酿造酱油，一种是配制酱油。配制酱油中含一种叫酸水解植物蛋白调味液的物质，它是一种化学合成物质，如果按国家安全标准，在不超过百万分之一的情况下，是无毒无害的。但在水解液制作过程中三氯丙醇易超标。

三氯丙醇超标酱油会损害人体健康，易致癌，甚至危及生命。

辨别方法

酿造酱油是以大豆和脱脂大豆、小麦、麦麸皮等粮食作物为原料，经蒸煮，真菌制曲后与食用盐水混合成固态酱醅，再经发酵制成酱油。这类酱油具有较浓的酱香气，味道醇厚，虽然在其鲜味和颜色浓度等方面有欠缺，但安全系数较高。

配制酱油的优点就在于能弥补酿造酱油的缺陷。但配制酱油中的三氯丙醇含量易超标。所以消费者在购买时最好选购酿造酱油，规避这一风险。

另外，选购酱油时尽可能到超市和正规商店内购买大品牌的酱油，散装酱油慎购。同时，消费者要克服一个误区，即酱油并非越鲜越好。

勾兑醋

在醋中掺入过量的水，又兑入了工业冰醋酸来加重醋味，这样的醋被称为勾兑醋。

工业冰醋酸当中含有许多杂质，比如盐酸或铅、铬等重金属，这些物质危害人体健康。

辨别方法

1. 识别镇江香醋

优质镇江香醋是由大米和各种有机原料酿造而成的，在发酵的过程中产生丰富的氨基酸和蛋白质。

在震荡醋瓶的时候，优质镇江香醋会产生丰富的泡沫，而且泡沫持久不消。伪劣的镇江香醋震荡时，虽然瓶中也有泡沫出现，但很快消失。

2. 识别山西老陈醋

山西老陈醋是紫红色的，气味酸香醇郁，把醋盛在碗里然后倒出，碗壁上有一层薄薄的醋的液膜挂在上面；假冒伪劣的山西老陈醋颜色不正，酸味刺鼻，也没有挂碗现象。

国家安全标准

国家在《酿造食醋》中明确规定，酿造食醋中不得添加工业冰醋酸。

安全辞典

| 冰醋酸 | 有两种，一种是食用乙酸，就是食用冰醋酸，它可以添加到食醋里面；一种是工业冰醋酸。食用冰醋酸只要符合国家安全标准可以添加，而工业冰醋酸是种化工原料，不允许添加到食品中去。工业冰醋酸是无色的澄明液体或无色的结晶块；有强烈的臭味，还是一种腐蚀剂。它可能产生游离矿酸和重金属铅及砷超标，造成消化不良、腹泻 |

知 识 链 接

伪劣"毒"醋

食醋主要分为两大类，一类是酿造食醋，一类是配制食醋。酿造食醋是以粮食或者水果、薯类等淀粉原料经过微生物发酵制成的食醋，配制食醋主要是用酿造食醋添加食用乙酸、食用冰醋酸调配而成的食醋。有些食醋的制造商为了降低成本，用发霉的粳米代替优质糯米。变质发霉的粳米当中含有强致癌物——黄曲霉素，所以消费者最好到正规销售点去买醋。

正规醋的酿造过程

● 1.镇江香醋

（1）糯米首先要在电脑控制的封闭设备中，经过 7 天的发酵制成酒醅。

（2）做好的酒醅和优质的麸皮、稻壳、水、菌种一起再被制成醋醅。

（3）经过 21 天的翻醅、发酵，再经过淋、煎等工序后成为普通醋。

（4）普通醋立刻被注入陶罐里，放在阳光下至少曝晒储存 6 个月以上才能制成优质成品香醋。这样酿制出来的香醋醋液清亮，口感绵厚，香而微甜，酸而不涩。

（5）成品镇江香醋经过严格的化验、检测和专业技师品尝定级后才可以灌装出厂。

● 2. 山西老陈醋

（1）精选高粱、豌豆、麸皮等原料制曲，蒸煮、冷却后放入排列有序的大罐中。

（2）在 40℃左右温度下经过长时间酒精发酵、醋酸发酵。一般老陈醋的发酵时间在 20 天左右。

（3）将一半成熟醋醅熏醅，淋得的新醋再经三伏一冬的夏日晒、冬捞冰的陈酿老熟工艺。这样酿出来的陈醋质地浓稠，醋味醇厚，久贮无沉淀、不变质。

（4）成品老陈醋在出厂之前，工厂的质检人员要对每批产品进行理化指标、卫生指标、营养成分和色香味的检验，不合格产品一律不准出厂。

掺假味精

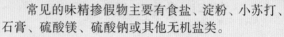

常见的味精掺假物主要有食盐、淀粉、小苏打、石膏、硫酸镁、硫酸钠或其他无机盐类。

长期食用掺假味精会给人的健康留下隐患。

辨别方法

消费者要购买优质酱油，方法如下：

👁	眼看	优质味精含谷氨酸钠90%以上的呈柱状晶粒，含谷氨酸钠80%～90%的呈粉末状，均无杂质及霉迹。掺假味精色泽异样，粉状不均匀，或者呈块状，有杂质和霉迹
✋	手摸	优质味精手感柔软，无粒状物触感；掺假味精摸上去粗糙，有明显的颗粒感。若含有淀粉、小苏打，则感觉过分滑腻
👄	口尝	真味精有强烈的鲜味，无异味。如果咸味大于鲜味，表明掺入食盐；如有苦味，表明掺入氯化镁、硫酸镁；如有甜味，表明掺入白砂糖；难于溶化又有冷滑黏糊之感，表明掺了木薯粉。另外，若以石膏作为掺假物，口尝苦涩，用水浸泡不溶解，有白色大小不等的片状结晶；若以碳酸钠作为掺假物，口尝微咸，用水浸泡溶解后的液体味亦如此

假冒鸡精

　　市场上销售的价格奇低的鸡精可能是用色素、玉米淀粉、食盐、香精等调制而成的，不含任何鸡肉成分。

　　这些鸡精没有什么营养，也不能起到提鲜的作用，长期食用其中的色素会影响人体健康。

辨别方法

　　（1）据统计，全国生产鸡精的企业有一千多家，知名的只有十几家，选购知名品牌是买到好鸡精的保障之一。

　　（2）假冒的名牌鸡精的生产日期不是喷墨喷上去的，而是印刷的时候直接印上去的，选购的时候要注意分辨。

安全辞典

鸡精	鸡精是以新鲜鸡肉、鸡骨、鸡蛋为原料制成的复合增鲜、增香的调味料。可以用于使用味精的所有场合，适量加入菜肴、汤羹、面食中均能达到效果。鸡精中除含有谷氨酸钠外，更含有多种氨基酸。它是既能增加人们的食欲，又能提供一定营养的家常调味品

石蜡火锅底料

重庆传统风味的火锅底料中主料是牛油，优质牛油凉了会变硬。往火锅底料中加入食品包装蜡，不是牛油的油脂也会发硬，以假乱真。

食品包装石蜡长时间煮，会分解出低分子化合物，这种化合物对人体呼吸道和肠胃系统有不良影响，降低其免疫功能，使人易患呼吸道疾病，引发体内脏器疾病，如肺炎、气管炎等；进食添加石蜡的食品会造成肠胃蠕动、滑肠腹泻。在人体内长时间积蓄，还会引发人体细胞变异疾病，危害健康。

辨别方法

👁	看	看包装上是不是有详细的厂址、厂名、联系方式等
✋	摸	摸一下，感觉是否很硬：合格的火锅底料随着气温的变化硬度也会发生变化，一般是冬天较硬，夏天较软；而含石蜡的底料任何时候都特别硬，甚至掰不断
	捻	打开包装，用手捻碎底料，纯牛油的底料有滑腻的感觉；添加石蜡的底料则非常干涩
	熔点	牛油在火锅里面20～30℃就完全融化；石蜡做的底料融化较慢。因为石蜡的熔点比较高，一般在50～70℃才能融化

假冒伪劣调味品

生活水平提高了，人们对食品的色、香、味也越来越挑剔，于是利欲熏心的商贩也开始在调味品上做文章，导致市场上的调味品鱼龙混杂，伪劣调味品屡禁不止。

购买假冒伪劣调味品不仅让消费者蒙受经济损失，还危害健康，所以消费者在购买时要谨慎。

辨别方法

1. 识别真假黄酒

酿造黄酒有酒的醇香，勾兑黄酒是酒精味；倒少量的酒在手心里，干了以后，酿造黄酒非常粘手，能粘上很多纸屑，而勾兑黄酒则不能。

2. 识别真假胡椒粉

胡椒粉是灰褐色粉末，具有胡椒香气，味道辛辣，粉末均匀，手指摸不染色。若放入水中浸泡，其溶液为褐色，底部沉有棕褐色颗粒。

假胡椒粉大多颜色较重，呈黑褐色，香气淡薄或无胡椒香气，味道异常，其粉末不均匀，手指蘸粉末摩擦，染黑手指。放入水中浸泡，液体呈淡黄或黄白色糊状，底部沉有橙黄、黑褐色杂质颗粒。这样的胡椒粉是用米粉、玉米粉、糖、麦皮、辣椒粉、黑炭粉、草灰等混合而成，加少量胡椒粉或根本不加胡椒粉。

3. 识别真假辣椒粉

优质辣椒粉呈土黄色，可看见有很多的辣椒皮块和辣椒子。

假辣椒粉常以小包装出售，色泽淡红，辣椒子较少。

4. 识别真假碘盐

一看包装

（1）正品碘盐包装精良，封口紧密平展，字体清晰；假碘盐包装马虎，封口松散皱褶，字体粗糙，字体周围有明显毛边，容易识别。

（2）正品碘盐包装袋正面左上角的商标呈亮黄色；假碘盐呈暗淡的黄褐色。

（3）正品碘盐背面的塑封在包装袋两侧；假碘盐塑封在包装袋中间。

（4）正品碘盐包装背面的激光防伪标志有凹凸感，是食盐包装成型后再贴上去的；而仿冒品生产时为了节省工序，激光标志贴到了包装袋内侧，且没有凹凸感。

二辨盐体

（1）看：假碘盐外观呈淡黄色或杂色，容易受潮。

（2）抓：用手抓捏，假碘盐呈团状，不易分散。

（3）尝：假碘盐有氨味和苦涩味。

（4）试：将盐撒在淀粉或切开的土豆上。盐变成紫色的是碘盐，颜色越深含碘量越高；如果不变色，说明不含碘。

5. 识别优劣虾油

优质虾油色泽清而不混，油质浓稠；气味鲜浓而清香；咸味轻，洁净卫生。

次质虾油色泽清而不混，但油质稍稀；气味鲜，但没有浓郁的清香感觉；咸味轻重不一，亦洁净。

劣质虾油色泽暗淡混浊，油质稀薄如水；鲜味不浓，更无清香味；口感苦咸而涩，且不卫生。

6. 识别优劣虾酱

优质虾酱色泽粉红，有光泽，味清香；酱体黏稠呈糊状，无杂质，卫生清洁。

劣质虾酱呈土红色，无光泽，味腥臭；酱体稀而不黏稠，混有杂质，不卫生。

7. 识别真假大料

大料学名八角茴香、大茴香，一般为 8 个角，瓣角整齐，瓣纯厚，尖角平直，蒂柄向上弯曲。有强烈而特殊的香气，味甘甜。

市场上发现有以莽草充当大料的，莽草多为 8 瓣以上，瓣角不整齐，瓣瘦长，尖角呈鹰嘴状，外表极皱缩，蒂柄平直。没有八角茴香特有的香气，味苦。

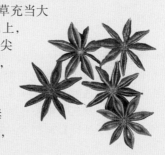

莽草中含有莽草毒素等，误食易引起中毒，

其症状在食后 30 分钟后表现，轻者恶心、呕吐，重者烦躁不安，瞳孔散大，口吐白沫，甚至致死。

如果没经过加工，大料、莽草分辨不难，如已加工成粉末状，最好取少许加 4 倍水，煮沸 30 分钟，过滤后加热浓缩，八角茴香溶液为棕黄色；莽草溶液为浅黄色。

8. 识别真假花椒

正品为 2 ~ 3 个小果，集生，每一个小果（直径 0.4 ~ 0.5 厘米）沿腹缝线开裂，外表面紫色或棕红色，有疣状凸起的小油点。内表面淡黄色，光滑。内果和外果皮常与基部分离。香气浓，味麻辣而持久。

伪品为 5 个小果，并生，呈放射状排列，状似梅花。每一个小果从顶开裂，外表呈绿褐色或棕褐色。整体粗糙，有少数圆点状突起的小油点。香气较淡，味辣微麻。

9. 识别真假桂皮

正品外表面呈灰棕色，稍粗糙，有不规则细皱纹和突起物；内表面红棕色、平滑，有细纹路，划之显油痕。断面外层棕色，内层红棕色而油润，近外层有一条淡黄棕色环纹。香气浓烈，味甜、辣。

伪品外表呈灰褐色或灰棕色，粗糙，可见灰白色斑纹和不规则细纹理。内表面红棕色，平滑。气微香，味辛辣。

10. 识别真假小茴香

正品双悬果呈圆柱形，两端略尖、微弯曲，长 0.4 ~ 0.7厘米，宽 0.2 ~ 0.3 厘米。表面黄绿色或绿黄色。分果呈长椭圆形，背面 5 条隆起的纵肋，腹面稍平坦。气芳香，味甜、辛辣。

伪品分果呈扁平椭圆形，长 0.3 ~ 0.5 厘米，宽0.2 ~ 0.3 厘米。表面棕色或深棕色，背面有 3 条微隆起的肋线，边缘肋线浅棕色延展或翅状，气芳香，味辛辣。

11. 识别真假姜

正品呈圆柱形，多弯，有分枝。长 5 ~ 8 厘米，直径0.5 厘米。表面棕红色至暗褐色，有一半节，每节长 0.2 ~ 1 厘米。断面灰棕色或红棕色，气芳香，味辛辣。

伪品呈圆柱状，多分枝，长 8 ~ 12 厘米，直径 2 ~ 3厘米。表面红棕色或暗紫色，有环节，节间长 0.3 ~ 0.6厘米。断面淡黄色。气芳香但比正品香气淡，味辛辣。其所含挥发油对皮肤及黏膜有刺激作用。

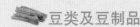 豆类及豆制品

 **黑心腐竹**

为了色泽漂亮、延长保鲜期、增加产量等，食品加工的不法分子把吊白块、硼砂、碱性嫩黄、明胶等化学材料用于腐竹的生产加工。

这些工业原料毒性很高，食用后会对人体造成极大危害，世界各国都禁止用作食品添加物。

● 辨别方法

👁	色泽鉴别 （整体观察）	● 良质腐竹——为枝条或片叶状；呈淡黄色，有光泽 ● 次质腐竹——枝条或片叶状，有断枝或碎块；色暗或泛白色、青色，无光泽 ● 劣质腐竹——呈灰黄色、深黄色或黄褐色，色彩暗而无光泽
	外观鉴别 （折断检视）	● 良质腐竹——质脆易折，条状折断有空心，里外无霉斑、杂质、虫蛀 ● 次质腐竹——质脆易折，折断有较多实心条，里外亦无霉斑、杂质、虫蛀 ● 劣质腐竹——手折感觉太脆或太软，里或外有霉斑、虫蛀、杂质

☠	气味鉴别 （整体嗅闻）	● 良质腐竹——具有腐竹固有的香味，无异味 ● 次质腐竹——腐竹固有的香气比较平淡 ● 劣质腐竹——有霉味、酸臭味等异味
👄	滋味鉴别 （水泡口尝）	● 良质腐竹——具有腐竹固有的鲜香滋味 ● 次质腐竹——腐竹固有的滋味较淡 ● 劣质腐竹——有苦味、涩味或酸味等

安全辞典

硼砂	硼砂的防腐力较弱，因而常被大量使用，致死量成人约为 20 克、小儿约为 5 克。详见"硼砂猪肉"。
吊白块	详见"毒大米"。
碱性嫩黄	是一种黄色均匀粉末，属于工业染料，用于染布。

知识链接

毒豆制品还有用猪粪泡制的臭豆腐。消费者在购买臭豆腐时要注意，尽量不要购买散装臭豆腐，夜市大排档或路边摊上的油炸臭豆腐慎食。

黑豆腐

小作坊生产的用来销售的豆腐被称为"黑豆腐"。小作坊生产的豆腐存在卫生隐患，危害健康。以下就是小作坊常见行为及其危害。

1. 掺假掺杂

（1）行为：在豆浆里掺杂生粉，以提高产量。

（2）危害：这样做出来的豆腐外观无明显差别，但已经失去豆腐原有的营养价值，且易变质。

2. 大量掺水

（1）行为：以做豆浆为例，正常的做法是每千克黄豆兑 4 千克水，而不少小作坊为提高产量，在制作时每千克黄豆兑了 10 千克水。

（2）危害：这样的豆浆，营养全无。

3. 使用工业消泡剂

（1）行为：在豆制品的生产过程中，消泡的工作程序必须使用消泡剂。按照国家卫生标准必须使用含有以脂肪酸甘油为主要成分的消泡剂，而不法小作坊用廉价的工业消泡剂代替。

（2）危害：工业消泡剂常含有致癌物质，对人体有害。

4. 使用劣质油

（1）行为：做油炸豆制品，如豆泡、油豆腐、豆条等时，使用劣质油、泔水油来进行加工。

（2）危害：泔水油中含有致癌物，国家明令禁止用于食品加工。

5. 加工场地简陋

（1）行为：小作坊通常租用废旧仓库或普通民房进行生产加工，无正规车间、化验室，也无专用仓库。

（2）危害：做豆腐最主要的原料——黄豆最容易招引老鼠，由于没有专用仓库和任何防鼠措施，因此有卫生隐患。

6. 操作不规范、不卫生

（1）行为：操作人员未经任何培训，不按卫生标准进行操作。

（2）危害：长期食用这样生产出的豆腐，对人体健康有潜在的威胁。

7. 土锅炉杀不死病菌

（1）行为：自造土锅炉。

（2）危害：这些土锅炉所产生的蒸汽不可能将豆浆煮至沸点，而无法杀灭豆浆里的芽孢菌与脲酶菌。另外，土锅炉易爆炸，对操作人员和附近居民的安全造成威胁。

8. 不设置污水处理系统

（1）行为：加工、生产豆制品所产生的污水随意排放。

（2）危害：造成环境污染。

辨别方法

	查	查看销售者是否持有定点生产场所的上市凭证，如果没有，即是非法窝点生产。最好到能看见豆腐制作过程和卫生状况的超市购买豆腐
	看	表皮颜色过白的豆腐可能添加了吊白块或漂白剂。而颜色太黄的豆腐，很可能是用劣质霉变的黄豆做成的。因此购买时，要选表皮略带黄色的豆腐
	摸	摸豆制品的表面，如果会脱色，即是用工业原料染制的
	切	优质豆腐刀切后，横截面有光泽，不粗糙；手感润滑，而且不会有豆腐渣遗留在手中
	闻	闻豆制品的味道。正规的豆制品大多有豆香气味，无酸味，炸制的豆制品则会有菜油香味

安全辞典

吊白块	详见"毒大米"
工业消泡剂	详见"毒猪油"
泔水油	详见"泔水油"

其他制品

有毒塑料袋（薄膜）

塑料袋（薄膜）在食品包装方面应用广泛，但是市场上存在利用垃圾站收捡的废旧塑料及工业废弃物和医疗机构丢弃的塑料垃圾回收加工的塑料袋（薄膜），即有毒塑料袋（薄膜）。

这些再生塑料制品含有严重超标的致癌物，用这种塑料制品包装直接入口的熟食，危害健康。

辨别方法

塑料袋（薄膜）有两种：以聚氯乙烯、聚苯乙烯、密胺塑料等为材料制作塑料袋（薄膜），往往要添加适量的抗老化剂、改性剂等，这些添加剂含有多种有害物质，所以这种塑料袋（薄膜）不能包装食品；以聚乙烯、聚丙烯为材料制作的塑料袋（薄膜）无毒性，消费者选购时要仔细辨别

观色	从外观看，聚乙烯呈乳白色，聚丙烯呈白色，比较柔软，基本透明，这两种物质制作的塑料袋（薄膜）无毒；聚氯乙烯制成的塑料袋（薄膜）略带黄色，柔软性比聚乙烯、聚丙烯制作的差，并略带增塑剂味道，这样的塑料袋（薄膜）有毒

✋	手摸	无毒原料聚丙烯、聚乙烯制作的塑料袋，有润滑感，表面像附有蜡质；有毒原料聚氯乙烯、聚苯乙烯、密胺塑料制作的塑料袋（薄膜）手触发黏
	火烧	无毒原料聚丙烯、聚乙烯遇火易燃，像蜡烛油一样滴落，火焰呈黄色，有石蜡味，可包装食品；有毒原料聚氯乙烯、聚苯乙烯、密胺塑料不易燃烧，离火即熄，火焰呈绿色，有呛鼻气味，不能用来包装食品
	水试	把塑料袋（薄膜）放在水底，由于比重不同，浮在水面为无毒，沉下水底即有毒

安全提示

　　消费者只要留心观察保鲜膜上的标示，还是可以买到放心产品的：

　　PE：聚乙烯的英文简称，安全无毒。

　　PVDC：聚偏二氯乙烯的英文简称，用于熟食火腿等产品的包装，相对安全。

　　PVC：聚氯乙烯的英文简称，这种材料虽然可以用于食品包装，但它对人体的安全性有一定的危害；加热后危害更大，建议消费者不要购买。

超市食品安全

　　避开农贸市场的喧嚣，消费者将视线转向整洁的超市。因为超市管理体制相对比较完备，所以大多数人潜意识里认为超市销售的食品应该很安全。但是，国家市场监督管理局统计数据显示，2005年全国有经营食品的超市7万多个，其中有3万多个被查出食品安全存在隐患，如没有"QS"食品安全标志的食品公然上架销售；很多预包装食品没有条形码；散装食品的标签上没有明确标示生产日期、生产厂家、配料，等等。

　　很多超市的确存在以上问题，而且部分消费者的不良购物习惯，更增加了超市食品安全隐患。

超市购物总则

查看食品包装

常用的包装材料

（1）塑料包装材料：属于塑料制品中使用周期最短的品种，一般为 1 ~ 3 个月，最长 1 年，此后大多成为城市固体废弃物进入垃圾处理系统，有的则随意丢弃，成为"白色污染"。塑料包装材料在废弃物中所占的比例最大，其对环境所造成的污染也是各类包装材料中最为严重的。目前的处理方案为回收利用和开发应用降解塑料相结合。

（2）纸品包装材料：由于纸品包装使用后可再次回收利用，少量废弃物在自然环境中可以自然分解，对自然环境没有不利影响，所以纸板及制品是绿色产

品，符合环境保护的要求，对治理由于塑料包装材料造成的白色污染能起到积极的替代作用。

（3）金属包装材料：常用的金属包装材料有马口铁和铝，广泛用于制造食品和饮料的包装罐。金属

包装材料易于回收、容易处理，其废弃物对环境的污染相对塑料和纸较小。

（4）玻璃包装材料：牛奶、软性碳酸饮料、酒类和果酱等普遍采用玻璃容器包装。这种包装材料的主要特点是美观、卫生、抗腐蚀、成本低，而且是惰性材料，对环境污染小。

食品包装盒上数字的含义

食品包装盒底部通常会出现一个三角形的数字符号，符号周围可能还有箭头或其他的数字。这些内容都是用于区分产品材料类别的。

数字3

（1）数字含义：这个数字代表PVC，即聚氯乙烯。这种材料质地较硬，经常用于制造食品盒、水管和建筑材料，在日常生活中的应用非常广泛。

（2）使用指南：会分解有毒物质，只适合储存干燥、水分少的食物，如米饭和面食；耐高温性不强，不能用于微波炉加热食物。

数字6

（1）数字含义：这个数字代表聚苯乙烯。这种材料有时会呈现泡沫状，主要用于制作一次性餐盒、水杯和餐具。

（2）使用指南：在所有类型的食品包装材料中，

聚苯乙烯的熔点最低，所以虽然它可以用于盛装温热的食物，但切勿使用这种材料的食品包装盒直接加热。

数字7

（1）数字含义：这个数字代表除聚氯乙烯和聚苯乙烯以外的材料或多种塑料材质的合成材料。比如，食品包装盒的原材料是聚碳酸酯（含BPA），产品上就会出现这个数字。

（2）使用指南：此类食品包装盒原材料多种多样，其耐热性和保养方式也各不相同，因此在使用前一定要仔细阅读产品说明，严格遵照生产商的指导使用。

查看食品标签

预包装食品必须标示的内容有：食品名称、配料清单、净含量和沥干物（固形物）含量、制造者名称和地址、生产日期（或包装日期）和保质期、产品标准号等。消费者一定要仔细检查：

1.食品名称

食品名称反映的是食品本身固有的性质、特征，应在食品标签的醒目位置，清晰地标示反映食品真实属性的专用名称。

2.配料清单

食品配料清单标注的内容主要是各种原料、辅料和食品添加剂，除单一配料的食品外，标签上必须标明配料表，必须真实，且按含量的递减顺序排列。

3. 净含量和沥干物（固形物）含量

（1）食品的净含量是包装内食品本身的实际重量，有三种标注方式：液态食品，用体积；固态食品，用重量；半固态食品，用重量或体积。

（2）半固态食品除净含量外，还必须标明该食品的固形物含量。

（3）同一个大包装内有小包装的食品除净含量外，还必须标明食品小包装的数量。

4. 制造者的名称及地址

生产者的名称和地址应当和营业执照一致。属于集团子公司、分公司及委托加工、联营生产的，按照《产品标识标注规定》的要求进行标注。

5. 生产日期（包装日期）、保质期（保存期）

这些是食品标签中极其重要的内容，必须明码标注。生产日期即食品加工或包装完成的日期；保质期是食品的最佳食用期；保存期可以理解为有效期；如果食品对环境影响较敏感的，还应注明食品的储藏方法。

6.质量等级及产品标准号

经检验合格的产品，应当附有产品质量检验合格证明（可以是合格印、章、标签等）。质量等级代表着食品的品质特性，要按产品标准（国家安全标准、行业标准）中的规定标注，此外还必须标注该产品的标准代号和顺序号。

● 安全辞典

预包装食品

预包装食品是经预先定量包装或装入容器中向消费者直接提供的食品，目前市场上销售的绝大多数食品都是预包装食品。

食品标签

食品标签就是食品的身份证明，是指在食品包装容器上或附于食品包装容器上的一切印鉴、标牌、文字、图形、符号说明物，它是对食品本质属性、质量特性、安全特性、食用说明的描述。

消费者通过食品标签了解食品的名称、配料、营养成分、厂名、批号、生产日期、保质期等信息。

QS

"QS"是英文"Quality Safety"的缩写，是食品质量安全市场准入证的简称，是国家从源头加强食品质量安全的监督管理的一种行政监管制度。

"QS"主要包括三项制度：

（1）对食品生产企业实施质量安全许可证制度：提高食品生产加工企业的质量管理和产品质量安全水平，未取得食品生产许可证的企业不准生产相关食品；

（2）对企业生产的食品实施强制检验制度：具备规定条件的生产者才允许进行生产经营活动，要求企业必须履行法律义务，未经检验或经检验不合格的食品不准出厂销售；

（3）对实施食品生产许可制度的食品实行质量安全市场准入标识制度：具备规定条件的食品才允许生产销售，对检验合格的食品要加印（贴）市场准入标志——QS标志，没有加贴QS标志的食品不准出厂销售。

"QS"审查主要包括十项内容：

环境卫生、生产设备条件、加工工艺过程、原材料要求、产品标准要求、人员要求、储运要求、检验设备要求、质量管理、包装标识。

条形码

商品条形码是指由一组规则排列的"条、空"及其对应字符组成的标识，用以表示一定的商品信息的符号。其中"条"为深色、"空"为浅色，用于条形码识读设备的扫描识读；其对应字符由一组阿拉伯数字组成，供人们直接识读或通过键盘向计算机输入数据使用。这一组条、空和相应的字符所表示的信息是相同的。

EAN商品条形码亦称通用商品条形码，由国际物品编码协会制定，通用于世界各地。EAN－13 通用商品条形码一般由前缀部分、制造厂商代码、商品代码和校验码组成。

前缀码是用来标识国家或地区的代码，如 00～09 代表美国、加拿大，45～49 代表日本。690～692 代表中国大陆，471 代表我国台湾地区，489 代表香港特区。

制造厂商代码、商品代码，由生产企业按照规定条件自己决定使用哪些阿拉伯数字。

商品条形码最后用 1 位校验码来校验商品条形码中左起第 1～12 数字代码的正确性。

● 国家安全标准

1.《预包装食品标签通则》

（1）除"辨别方法"所示内容必须标明外，《通则》还有以下内容（摘选）：净含量与食品名称必须标注在包装物或包装容器的同一面，便于消费者识别和阅读；产品中添加了甜味剂、防腐剂、着色剂必须标示具体名称；辐射食品及使用相关配料的应在标识中注明；特殊膳用食品（如婴幼儿食品，糖尿病人食品）必须标示营养成分，即营养标签；标签上的生

产日期和保质期不
得另外加贴、补贴
和篡改。

（2）新的《预
包装食品标签通则》
于 2005 年 10 月 1
日起实施，要求食
品加工企业必须按
照标准要求正确标
注标签。消费者若发现并证实其标签的标识与实际品
质不符，可以依法投诉并获得赔偿。新增内容如下：

"包装物或包装容器最大表面面积大于 20 平方厘
米时，强制标示内容的文字、符号、数字的高度不得
小于 1.8 毫米"；新增加了"配料清单中可以使用的
类别归属名称"；新增加了集团公司、分公司、生产
基地或委托加工预包装食品的单位名称和地址的标示
要求；新增加了可以免除标示保质期限的预包装食品
类别。

2. 产品标签上日期标注方法的规定

（1）生产日期和安全使用期或者失效日期应当印
制在产品或者产品的销售包装上。

（2）如果使用粘贴、压印、手写等办法标注日期
时，要注意日期的标示能让消费者容易辨认，并保证
不脱落，不褪色，不模糊。

（3）产品日期按照 GB/T 7408—1994《数据元和

交换格式 信息交换日期和时间表示法》规定标注，采用"年、月、日"顺序。一般有以下 3 种形式：2003 09 13（间隔字符分开）；2003—09—13（连字符分隔）；20030913（不用分隔符）。

3. 国家对食品保存期限的规定

面包	一、四季度可保存 5 至 7 天，二、三季度 3 至 4 天
饼干	铁听装 / 一、四季度可保存 70 天，二、三季度 35 天； 盒装、袋装 / 一、四季度 50 天，二、三季度 30 天； 散装 / 一、四季度 40 天，二、三季度 20 天
奶粉	马口铁罐装密封充氮包装的保存期为 2 年； 马口铁罐装密封非充氮包装为 1 年； 瓶装为 9 个月； 袋装一般为 6 个月
白（酥）皮点心	一、四季度保存期为 4 个月；二、三季度为 20 天
月饼	一、四季度保存期为 1 个月；二、三季度为 15 天
蛋糕	一季度保存期限为 10 天，二、三季度 7 天，四季度为 15 天
礼品大蛋糕	保存期限为 3 至 4 天
汽水	保存期限为 3 个月

啤酒	桶装和鲜啤酒的保存期为 7 天；瓶装酒为 2 个月
罐头	铁皮罐头可保存 1 年；玻璃瓶罐头可保存半年

 安全辨析

保存期、保质期与保鲜期

　　根据《食品标签通用标准》的明确规定，保质期又称最佳食用期，是指在标签上规定的条件下，保持食品质量（品质）的期限。在此期限内，食品完全适于销售，并符合标签上或产品标准中规定的质量（品质）；超过此期限，在一定时间内食品仍然是可以食用的。

　　保存期又称推荐的最终食用期，是指在标签上规定的条件下，食品可以食用的最终日期；超过此期限，产品质量（品质）可能发生变化，该食品不再适于销售。

　　食品的保鲜期是一些企业为了使自己的产品更容易接近消费者的生活而在包装上打印的。但这种做法是否科学，保鲜期能够使产品的品质保证在什么范围内，还有待进一步考证。

知 识 链 接

1. 识别防伪商标

　　（1）温变型：防伪标志受热后，图案的颜色会

发生变化。多见于酒
类商品。

（2）荧光型：通
过专用的防伪鉴别灯
照射，防伪标志发亮
部分会显示文字、符
号或图案。

（3）隐形技术：
在太阳光或手电筒的
照射下，能反射出文字、符号或图案。

（4）激光全息型：从不同角度观察图案，会看
到不同的颜色，如大面额人民币。

2. 标注限期使用标识的产品

限期使用的产品，其质量有一定时效期，超过这
个期限，产品就可能达不到标准或者规定的质量指标，
就可能会失效、变质，丧失产品原有的使用性能，所
以限期使用的产品需要标明这一时效日期范围。食品
属于限期使用的产品。

限期使用的产品有两种标注方式，生产者可以任
选一种进行标注：

（1）标注生产日期和安全使用期，如"生产日期：
2002 年 8 月 1 日，安全使用期：6 个月"。

（2）标注失效日期，如："失效日期：2003 年
7 月 31 日"。

绿色食品

绿色食品，特指遵循可持续发展原则，按照特定生产方式生产，经专门机构认证，许可使用绿色食品标志的无污染的安全、优质、营养类食品。

之所以称为"绿色"，是因为自然资源和生态环境是食品生产的基本条件，与生命、资源、环境保护相关的事物在国际上通常冠之以"绿色"，为了突出这类食品出自良好的生态环境，并能给人们带来旺盛的生命活力，因此将其定名为"绿色食品"。

绿色食品标志，是由中国绿色食品发展中心在国家市场监督管理总局正式注册的证明商标，它由三部分组成，即上方的太阳、下方的叶片和中心的蓓蕾。绿色食品标志是绿色食品产品包装上必备的特征，既可防止企业非法使用绿色食品标志，也便于消费者识别。

绿色食品标志防伪标签采用了以造币技术中的网纹技术为核心的综合防伪技术。标签用绿色食品指定颜色，印有标志及产品编号，背景为各国货币通用的细密实线条纹图案。另外，防伪标签的发放数量受到监管，以控制企业生产产量，从而避免企业取得标志使用权后，扩大产品使用范围及产量。

● 国家安全标准

1. 绿色食品标志（两类）

（1）A类标志，绿地白标，它表示产品的卫生符合严格的要求。

（2）B类标志，白地绿标，不仅表示产品的卫生符合严格的要求，而且表示产品原料即农作物在生产过程中化肥的使用有绝对限制，绝对不使用任何化学农药。

2. 绿色食品技术等级（两级）

（1）AA级绿色食品：生产地的环境质量符合《绿色食品产地环境质量标准》，生产过程中不使用化学合成的农药、肥料、食品添加剂、饲料添加剂、兽药及有害于环境和人体健康的生产资料。

（2）A级绿色食品：生产地的环境质量符合《绿色食品产地环境质量标准》，生产过程中严格按绿色食品生产资料使用准则和生产操作规程要求，限量使用限定的化学合成生产资料。

3. 绿色食品标志使用有效期

绿色食品标志的使用许可有效期是3年，到期后没有重新申报而继续使用旧标志，或者超范围使用绿色食品标志，都是对消费者权益的侵害。

辨别绿色食品标志是否超过有效期，可以看编号。绿色食品标志中的编号形式为"LB — ×× — ××××××××××××（A／AA）"，其中"LB"是绿色食品标志（绿标）拼音缩写，两短线之间的两位数代表产品类别，后10位数字分别表示批准年限、产地及产品批准序号，A 和 AA 代表绿色食品的分级。批准年度是 3 年前的就属于无效标志，消费者购买时要仔细查看，以免买到"超期服役"的绿色食品。

● 安全误区

1. 纯天然食品就是绿色食品

一般消费者认为，标签上标示着"纯天然"的食品就是无污染、健康、安全的绿色食品。其实不然，这一说法忽视了"纯天然"本身的环境因素。

我国有些地方，虽然山清水秀，看起来生态环境挺好，但是"地方病"流行，比如高铅地区、高汞地区、高氟地区、缺碘地区。虽然这些地区并没有受到外界污染，但由于其本身环境原因，生长在这里的作物会吸收土壤中的有害元素，并富集于植物体内，吃了这种食物或以此为原料加工的食品都会对人体造成很大危害，因此"纯天然"食品并非都是绿色食品。

2. 不含添加剂的食品即是绿色食品

目前我国食品工业使用的添加剂中，有些添加剂是无害的（如火腿中添加的淀粉），有些少剂量使用的添加剂对人体的危害可小到忽略不计（如有些食品中使用的防腐剂等），所以，一味地排斥含有添加剂的食品，其实是一种消费误区，也不能把标签标示出"添加剂"作为鉴别绿色食品的标准。

3. 不使用化肥、农药的食品是绿色食品

事实上，某些化肥和农药在生产 A 级绿色食品过程中是可以限量使用的。另外，没有给农作物施用化肥和农药，并不等于农作物就生长在没有污染的环境中（如大气污染、水源污染），农作物长期生长在这种环境下，某些对身体有害的物质含量会超标，因此制成的食品就不能叫作绿色食品了。

转基因食品

所有生物的 DNA 上都写有遗传基因，它们是构建和维持生命的化学信息，而转基因食品就是指科学家在实验室中，把动植物的基因加以改变，再制造出具备新特征的食品种类。世界上第一种转基因食品是 1993 年投放美国市场的西红柿。

●国家安全标准

转基因食品对人体健康是否有影响，众说纷纭，尚无定论。对转基因食品做出标识，是为了尊重消费者的知情权。农业农村部《农业转基因生物标识管理办法》规定，从 2002 年 3 月 20 日起，凡在我国境内销售列入

农业转基因生物标识目录的农业转基因生物，必须明确标识，否则不得进口或销售。转基因食品标识内容摘选如下：

（1）转基因标识应该使用规范醒目的汉字。

（2）转基因动植物（含种子、种畜禽、水产苗种）和微生物产品，以及含转基因成分的农药、兽药、肥料和添加剂等产品，直接标注"转基因××"。

（3）转基因农产品的直接加工品，标注为"转基因××加工品（制成品）"或"加工原料为转基因××"。

（4）用农业转基因生物或含有该成分的产品加工制成的产品，但最终销售产品中不再含有或检测不出转基因成分的，标注应为"本产品为转基因××加工制成，但本产品中已不含转基因成分"或标注为"本产品加工原料中有转基因××，但本产品中已不再含有转基因成分"。

（5）难以在原包装、标签上标注的，可在原包装、标签上附加转基因生物标识。

（6）难以用包装物或标签标识时，可采取其他办法，如快餐业和零售业中的农业转基因生物，可在产品展销柜、价签上标识或设立标识板（牌）。

知识链接

随着科学技术的不断发展，转基因食品的品种也在不断增多，大致可以分为以下几种类型，消费者面对转基因食品时可以此判断所购买的转基因食品是何种类，应有何性状特征。

新品种型

通过不同品种间的基因重组可形成新品种，由其获得的转基因食品可能在颜色、品质、口味方面具有新的综合特点。

增产型

农作物增产与其生长分化、肥料、抗逆、抗虫害等因素密切相关，故可转移或修饰相关的基因达到增产效果。

控熟型

通过转移或修饰与控制成熟期有关的基因，可以使转基因生物成熟期延迟或提前，以适应市场需求。最典型的优点是延长成熟速度，不易腐烂，好储存。

高营养型

从改造种子贮藏蛋白质基因入手，使其表达的蛋白质具有合理的氨基酸组成。现已培育成功的有转基因玉米、土豆和菜豆等。

保健型

通过转移病原体抗原基因或毒素基因至粮食作

物或果树中（一些抗病基因也可由转基因牛羊奶中得到），人们吃了这种食物，相当于在补充营养的同时服用了疫苗，起到预防疾病的作用，例如有的转基因食物可防止动脉粥样硬化和骨质疏松。

加工型

由转基因产物做原料加工制成，种类最为繁多。

进口食品

随着市场的逐步放开和进口关税的降低，越来越多的外国食品进入我国，消费者在购买食品时也有了更多选择。但检验检疫部门提醒说，进口食品并非高品质食品的代名词，同样存在质量问题，消费者在购买进口食品时也应擦亮眼睛。

辨别方法

1. 看经销商有无"进口食品卫生证书"

该证书是检验检疫部门对进口食品检验检疫合格后签发的，证书上注明进口食品包括生产批号在内的详细信息。只有货与证相符，才能证明该食品是真正进口的。

2. 看包装上是否有中文标签

制造者的名称、地址以及产品执行标准号可以免除，但经海关口岸的预包装食品应加贴临时中文标签和审批号（JW——××××）。标签的内容不仅要与外文内容完全相同，还必须包括以下几项内容：食品名称、配料成分、净含量和固体物含量，原产国家或地区，商品生产日期、保质期、贮藏指南、制造、包装、分装或经销单位的名称和地址，在中国国内的总经销商的名称和地址等。

3. 看是否贴有激光防伪的"CIQ"标志

"CIQ"是"中国检验检疫"的缩写，该防伪标志是2000年开始对检验检疫合格的进口食品统一加贴。

进口食品常见单词

Natural（天然型）：指食品中不含合成食品添加剂。

Health（健康型）：指食品中含有保健作用的成分，但不代表其中不含合成食品添加剂。

Reduced Calorie（少热量型）：表示所含热量比一般食品少 1/3。

Low Calorie（低热量型）：指单位食品释放热量在 40 千卡以下。

Sugar Free（无糖型）：指食品中不含蔗糖，但不表示不含糖醇。

Organic（有机型）：制造食品所用的原料在生长过程中没有使用化学农药或化学肥料。

米、面及其制品

大米

大米是我国人民的主粮之一，按稻种可分为籼米、粳米、糯米、香米、紫米、黑米等品种。随着市场的活跃，各种米在超市里已不鲜见，但以次充好、以旧充新现象却时有发生，购买大米时，除仔细看看其标签是否符合规格外，还要从各方面检验其质量。

● 辨别方法

识别陈米

◉	检验硬度	大米的硬度主要是由蛋白质含量决定的，硬度越大，蛋白质含量越高，透明度越高。反之，蛋白质含量较低的陈米（或是用未完全成熟的稻子制的米）含水量高，透明度差，米的腹部不透明，白斑（腹白）较大
	看颜色	正常的米应是洁白透明，"腹白"色泽正常（紫、黑米除外）。大米陈年，最易变为黄色，其主要原因是某些营养成分发生了化学变化
◉	检查有无爆痕断裂现象	由于加工条件和保存方式的不同，米粒在干燥过程中出现冷热不匀，因而内外收缩，失去平衡，会产生爆痕（俗称爆腰）甚至断裂，导致其营养价值降低

🔊 注意新与陈	新米有自然清香味，色泽明亮，白净；存放时间久的米，色泽暗淡，香味寡淡，表面有白道纹，甚至出现灰粉状，灰粉越多，时间越长。当然，有霉味的或者有蛀虫的更可能是陈米了

识别掺假米

❗	除了陈米之外，有时还会见到一些掺假米，消费者一定要注意识别

掺"白石粒"是为了增加大米的重量。消费者可以查看大米中的沙砾，原有的沙砾没有棱角、比较圆润，而新掺入的沙砾则棱角分明

可抓一把米在手里摊开，如发现其中有大量碎小的米粒，则可以判定是掺假的米

可以用手摸一下，没有上色的粳米用手摸，会粘上米糠面；上过色的粳米摸起来有光滑感，不会粘上米糠面。上色粳米是把绿色和白色的添加剂混合后拌入粳米中，使粳米颜色发青，并且表面光洁，形似大米

知 识 链 接

染色黑米

黑米呈黑色或黑褐色，是一种药、食兼用的大米，米质佳，维生素、微量元素和氨基酸含量都高于普通大米。有些不法商贩用染色的手段制造假冒黑米，但染色黑米由于黑色集中在皮层，胚乳仍为白色，消费者可将米粒外面皮层全部刮掉观察。

面粉

超市销售的面粉中，"毒粉""掺假粉"较少见，但有时会有"增白面粉"和"陈面粉"，消费者购买时除仔细检查标签是否符合规格外，还可遵循我们提供的以下原则检验其质量。

• 辨别方法

👁	看	精度高的富强粉，色泽白净；标准粉为稍带淡黄的白色；质量差的面粉则色泽较深；过量添加增白剂的面粉，粉色呈灰白色，甚至青灰色
👃	闻	质量好的面粉气味正常，略带香味；凡有霉味、酸苦味、土腥气等气味的，均为质量较差的面粉
✋	捏	用手抓一把面粉使劲一捏，松开手后，面粉随之散开，说明水分正常；如面粉不散开，则说明含水分大
	捻	捻搓面粉，如有绵软的感觉，说明质量好；如感觉过分光滑或较涩，则说明质量较差，或掺有滑石粉、石膏粉等杂物
👅	尝	取少量面粉细细品尝，正常面粉不牙碜；如果牙碜则说明含砂量大，为劣质面粉

挂面

挂面又称卷面、筒子面。随着人民生活水平的提高，各种中高档花色挂面品种不断进入市场，形成了以主食型、风味型、营养性、保健性共同发展的格局，受到广大消费者的欢迎。超市里销售的挂面琳琅满目，质量也良莠不齐，消费者一定要仔细查看其品质，防止买到劣质品、变质品。

● 辨别方法

◉	看外表	除检查标签是否符合规格外，还要注意观察纸包装糨糊涂过的部位，这里易受潮、发霉、虫蛀，此外产品包装上的标识完整，包装紧实，两端整齐，竖提起来不掉断条
	看内质	挂面在整捆的某一端会有透明包装或未封口，从这里看，好的挂面色泽洁白，稍带淡黄，如果面条颜色变深，或呈褐色，则说明已变质。另外，好的挂面应无杂质、无霉变、无虫蛀、无污染
✋	试筋力	如果能抽出一根挂面，则可以用手捏着两端，轻轻弯曲，上好的挂面弯曲度能达到5厘米以上
☠	闻气味	如果不是完全密闭包装，可以嗅闻一下产品的气味，好的挂面应无霉味、酸味及其他异味，但花色挂面应具有添加辅料的特殊香味

方便面

方便面又称"速食面"，由于吃起来方便、快捷，已经成为当今世界上流行、方便的食品之一。在电视广告中各种品牌、风味不一的方便面令人目不暇接。我们在此提醒消费者，购买时最好仔细检查其质量，才能将假冒伪劣的方便面拒之口外。

● 辨别方法

	选品牌	要生产出好的方便面，首先需要好的面粉，面粉中如果含有超量的增白剂和防腐剂，就会严重影响方便面的质量，因此一定要选择正规品牌的产品，品质、卫生、口味、营养等各项指标相对有保证
👁	看包装	选购时要选购包装完好，商标明确、厂家清楚的方便面。包装破裂，面块容易被污染，又会加速其氧化变质的速度
	查日期	方便面多是经过油炸后干燥密封包装而成。由于其中含有食用油，所以放置时间过长，方便面之中的油脂便可被空气氧化分解，生成有毒的醛类过氧化物，吃了这种已变质的方便面，可引起头痛、发热、呕吐、腹泻等中毒表现
✋	摸外形	因为方便面多为不透明包装，所以对其品质的鉴别还要靠手摸，优质方便面摸起来外形整齐，花纹均匀，没有明显异物和大量碎渣

• 安全提示

方便面包装里有面块和调料包，购买后打开包装观察，优质面块应该呈现该品种特有的颜色，无焦、生现象，正反两面颜色可略有深浅差别，无霉味、酸败味及其他异味。

有许多生产面块的厂家自己并不生产调料，而是从别的调料厂购买。调料里无非是盐、味精、豆瓣酱等等，可有的调料厂却在这小小的调料包里做足了文章：包括使用腐败、酸臭的蔬菜及肉、油脂，假冒调味品，违规超量使用添加剂，甚至使用非食品添加剂，因此消费者一定要注意。

蛋糕

• 辨别方法

👁	看外表	优质蛋糕外形完整、无破损、无塌陷，色泽均匀，无焦斑
👃	闻气味	嗅闻时，优质蛋糕鲜香浓郁，无霉味、酸败味或其他异味
👁	看剖面	如果有样品，要切开观察，优质蛋糕剖面淡黄，呈蜂窝状，小气孔分布匀，无粉块，无杂质
✋	试手感	必要时要试试手感，松软有弹性的为优质蛋糕

速冻米、面制品

　　现代人喜欢快节奏、高效率的生活，不愿花费大量的时间与精力去做一顿丰盛的晚餐，常常是到超市买一些速冻米、面制品，回家加热即食。

　　速冻米、面制品，是指以小麦粉、大米、杂粮等粮食为主要原料，或同时配以单一或由多种配料组成的肉、蛋、蔬菜、果料、糖、油、调味品为馅料，经成形、熟制或生制，包装，并经速冻而成的食品。一般市场上常见的速冻小包装食品如速冻饺子、馄饨、包子、烧卖等都属于此类食品，按馅料的原料组成可分为四大类：

　　（1）肉类：如速冻鲜肉水饺、小笼包等。

　　（2）含肉类：如菜肉水饺、菜肉馄饨等。

　　（3）无肉类：如豆沙包、奶黄包等。

　　（4）无馅类：如刀切馒头、芝麻饼等。

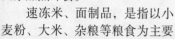

● 辨别方法

贮藏条件	速冻米、面制品一般要求在 -18℃以下的冷藏库内贮藏，如果销售商储存条件达不到要求，即使产品还在保质期内，但是因为温度的影响，内部质量是无法保证的，消费者食用后可能会引起意想不到的麻烦

包装产品	"散装"作为速冻食品的一种降低成本、增大销售量的销售方式，已经成为速冻食品的重要销售方式，而且这种方式已经被一部分消费者所接受。可是这些食品虽然价格相对便宜，但容易受到污染，不符合食品卫生要求。因此尽可能不要购买散装速冻食品，而要选择包装材料好，包装完整，文字说明印刷清晰的带包装产品
标签清楚	产品外包装应标明产品名称、配料表、净含量、制造商名称和地址、生产日期、保质期、贮藏条件、食用方法、产品标准号、"生制"或"熟制"、馅料含量占净含量的配比等；还应标明保存条件、食用方法等
实体齐正	选择包装密封完好、包装袋内产品无黏结、无破损和变形的产品。包装袋内应没有冰屑，如袋内有较多冰屑，则可能是产品解冻后又冻结造成的，质量已受到影响

知 识 链 接

速冻米、面制品要求在 20 ~ 60 分钟内将产品的中心温度降到 -18℃以下的冷冻食品，它强调的是在短时间（20 ~ 60 分钟）内迅速降温，否则就不是速冻食品。速冻食品由于冻结速度快，食品的冰晶小，能最大限度保存食品的风味、营养，对食品内部结构的破坏小，再加热时，食品能基本恢复原状。

面包

● 辨别方法

看外观

	优质面包	从颜色上看，呈黄褐色，烤得匀，无斑点、色彩光艳；从形态上看，外形整齐、蓬松、均匀，在边、角、面上无凹凸不平处，皮薄，且容易裂开
	劣质面包	从颜色上看，大多呈黑红色、有斑点、色发暗；从形态上看，外形不均匀，凹凸不平甚至干瘪，皮厚而硬
	过期面包	从颜色上看，晦暗有霉斑；从形态上看，干燥、翘皮，整体塌瘪
	注意新与陈	新米有自然清香味，色泽明亮、白净；存放时间久的米，色泽暗淡，香味寡淡，表面有白道纹，甚至出现灰粉状，灰粉越多，时间越长。当然，有霉味的或者有蛀虫的更可能是陈米了

闻气味

	优质面包	具有淡淡的甜味（咸口面包则是淡淡的咸味）和清爽的芳香
	劣质面包	可能会嗅出重咸味、重甜味、重酸味甚至苦味
	过期面包	有发霉甚至腐臭的味道

切开看

👁 如果有样品，允许切开观察，内质均匀，泡膜很薄，有乳白色光泽，则为优质；内质不均匀、泡膜厚，呈粉笔样灰白色或变黄，则为劣质品或过期产品

用手摸

✋ 如用手指按压面包切口，有如绒布般的柔软感，则属优质；若有粘手或松散、硬脆的感觉，则质量低劣

知识链接

面包是以小麦粉为主要原料，加水、盐、人工酵母等和面，制成面团坯料，然后再以烤、蒸等方式加热制成的烘焙食品。种类繁多的面包一向是很受欢迎的食物，但是它的产热量却相当惊人。只有油和糖分才能让面包好吃的观念已经过时，现在出现了以全麦粉、五谷杂粮粉等为原料，用天然酵母发酵的健康面包，这样的面包一般会在包装上明确标明其原料、配料及营养成分，消费者购买时只要注意查看就可以了。

饼干

• 辨别方法

看标签

◉ 选购饼干产品时，要注意包装上的各种标识是否规范、齐全，尤其要注意看是否过期。

看色泽

◉	优质饼干	表面、底部、边缘都呈均匀一致的金黄色或草黄色，表面有光亮的糊化层
	次质饼干	色泽不太均匀，表面无光亮感，有生面粉或发花，稍有异色

看形态

◉	优质饼干	外形完整，花纹清晰，组织细腻，厚薄基本均匀，有细密而均匀的小气孔，无杂质，易折断
	劣质饼干	表面起泡、组织粗糙、破碎严重，有污点、杂质
	过期饼干	有的收缩或变形，发霉、发软，有的干硬难断

气味和滋味

☻	优质饼干	具有产品特有的香味，甜味纯正，酥松香脆，无异味，不粘牙
	劣质饼干	没有香味，有油脂酸败的味道

● 安全提示

1. 糖分过高

（1）缺乏营养：饼干中的糖分在体内的代谢需要消耗多种维生素和矿物质，因此，经常吃饼干会造成维生素缺乏、缺钙、缺钾等营养问题。

（2）导致肥胖：饼干含有大量糖分，如果经常食用，人就会因为摄入热量太多而产生饱腹感，影响对其他富含蛋白质、维生素、矿物质和膳食纤维食品的摄入。长此以往，会导致营养缺乏、发育障碍、肥胖等疾病。

（3）引发慢性疾病：长期大量食用糖分含量高的食品会使胰岛素分泌过多、碳水化合物和脂肪代谢紊乱，引起人体内分泌失调，进而引发多种慢性疾病，如心脑血管疾病、糖尿病、肥胖症、老年性白内障、龋齿、近视、佝偻病等。

2. 高温加工产生致癌物质

饼干类食品在高温加工过程中产生的"丙烯酰胺"会破坏人体的神经系统，并导致阳痿、瘫痪和癌症。

3. 缩短寿命

大部分饼干在制作过程中使用了一种叫作"反式脂肪酸"的油脂，这种油脂俗称"人造脂肪"。这种物质会使人体血液趋向酸性，不利于血液循环，并减弱免疫系统的防御功能。长期食用这种食物会使人的寿命明显缩短。

● 安全辞典

反式脂肪酸："反式脂肪酸"不仅影响人体免疫系统，还会增加血液黏稠度和凝聚力，促进血栓形成；同时，它也会提高人体血液中"坏脂蛋白"（也就是低密度胆固醇 LDL）的含量，降低"好脂蛋白"（也就是高密度胆固醇 HDL）的含量，这样，就大大增加了动脉硬化和 2 型糖尿病的发生概率。"反式脂肪酸"还会影响婴幼儿的生长发育，并对中枢神经系统发育产生不良影响。

但是，我国还没有对"反式脂肪酸"制定相关的含量标准，也没有规定需在食品外包装上注明含有"反式脂肪酸"。因此，我们在食用饼干类食品的时候就要格外小心。一般来说，在购买食品时要注意包装上的说明，只要看到配料表上写着"植物奶精""植脂末""起酥油""麦淇淋""氢化植物油""植物奶油"等字样，都意味着产品的好口感来自"人造脂肪"，即产品中含有"反式脂肪酸"，购买时要慎重考虑。

月饼

● 辨别方法

👁	生产日期	购买月饼时一定要仔细查看,其生产标识是否规范齐全,有无生产日期和保质期。一般月饼的保质期大约是 30 天
👁	标准代号	月饼包装上没有标准代号的最好别买,该系列标准包括: ●《月饼馅料》(SB10350—2002); ●《月饼 广式月饼》(SB / T10351.1—2002); ●《月饼 京式月饼》(SB / T10351.2—2002); ●《月饼 苏式月饼》(SB / T10351.3—2002); ●《月饼类糕点通用技术要求》(SB / T10226—2002)
	整体形态	外形完整、丰满,无黑包,无焦斑,不破裂;上表面略鼓起,边角分明;底部平整,不凹底,不收缩,不露馅
	成品色泽	具有该品种应有的色泽,色泽均匀,有光泽,肉眼观察没有外来杂质
	内外组织	饼皮薄厚均匀,皮与馅的比例适当,馅料饱满,软硬适中,不偏皮,不空膛。蓉馅类,馅心软滑;果仁类,馅心果仁清晰可见,分布均匀,无杂质

● 国家安全标准

《中华人民共和国商业行业标准月饼馅料》规定，所有馅料的成分不能标为"馅料"或以"等"省略，而要明明白白地标出馅料的具体成分：

（1）纯莲蓉馅：除油脂、糖之外，其他原料全部使用莲子。

（2）莲蓉馅：除油脂、糖之外，其他原料中莲子大于60%。

（3）纯栗蓉馅：除油脂、糖之外，其他原料全部使用板栗。

（4）栗蓉馅：除油脂、糖之外，其他原料中板栗大于60%。

（5）水果馅：在配方中水果大于25%，否则只能称为水果味月饼。

（6）水果味馅：在配方中水果肉低于25%。

（7）果仁馅：在配方中果仁含量不低于馅料总量的20%，含糖量不能超过38%。

（8）肉禽制品类月饼：肉禽制品不得低于馅料总量5%。

• 安全提示

吃月饼有讲究

❗	不宜久存	过节时人们往往一次购买许多月饼，而月饼放置时间过久，容易引起馅心变质，吃后会发生食物中毒，因此，月饼最好随买随吃
	食用适量	月饼中含糖和油脂较多，吃多了会引起肠胃不适，尤其是老人、儿童或肠胃功能较弱者，吃时一定要注意适量
	茶水相伴	月饼多数含有大量油脂，因此吃多了容易感觉很腻，配一杯淡茶（以花茶为宜），边饮边吃，味道更佳
	先"咸"后甜	如想一次同吃甜、咸两种月饼，应按先"咸"后甜的顺序来品尝，否则就吃不出各自的味道来

不宜吃月饼的几类人

❗	糖尿病患者	月饼中含有大量的糖分，会增高血糖，少数糖尿病患者吃月饼后还会发生糖尿病昏迷
	胆结石患者	吃月饼过量时，会引起疾病发作，尤其是青少年患者，可引起急性胰腺炎，出现剧烈腹痛
	胃病患者	月饼中的大量糖分可加速胃酸分泌，导致胃痛加剧
	十二指肠溃疡患者	月饼可使胃酸大量分泌，若不控制食用月饼，对溃疡面的愈合不利

薯片

辨别方法

	看标识	要选择品名、配料表、净含量、厂名、厂址、产品标准等标注齐全的产品，特别要注意查看产品的生产日期和保质期，尽量购买近期产品
	查配料	购买时要注意仔细看配料表，了解产品的主要成分和食品添加剂的使用情况
	看是否漏气	为了防止薯片被挤压、破碎，防止产品油脂氧化、酸败，包装袋内一般要充入氮气。若发现包装漏气，则不宜选购

国家安全标准

欧美国家的法规规定，膨化食品一律充装氮气，但我国尚无相关法规。

国家规定严禁在食品包装中混装直接接触食品的非食品物品。

安全提示

膨化食品虽然口味鲜美，但从成分结构看，脂肪、碳水化合物、蛋白质是膨化食品的主要成分，因此属于高油脂、高热量、低粗纤维的食品。长期大量食用膨化食品会造成油脂、热量摄入过量，粗纤维摄入不足；若再加上运动不足，会造成人体脂肪积累，出现肥胖。

儿童大量食用膨化食品，易出现营养不良；而且膨化食品普遍高盐、高味精，儿童成年后易患高血压等疾病。

现代休闲小食品种类繁多、花样翻新、口味各异，其中以米粉、面粉为主要原料的休闲小食品又分为油炸食品和膨化食品。油炸食品有薯条、薯片等，膨化食品有雪饼、虾条、鲜贝等。购买此类食品时，还要注意以下两点：

1. 要买充装氮气的食品

包装食品时，应该充装清洁、干燥、无毒的氮气，但我国有不少厂家用压缩空气充装，压缩空气的含水量比正常空气高，会造成袋内膨化食品口感不酥脆；并且在压缩空气的过程中，还有可能将机器零件上的润滑油化作雾态，喷入包装袋内，附着在包装袋内壁或粘在膨化食品上。因此最好选购标注有"充装氮气"字样的食品。

2. 不要买装有玩具的食品

为了吸引儿童消费群，食品商们纷纷在定型包装的食品中放置玩具或卡片。这种做法一方面容易发生幼儿把玩具当作食品吃下去的事件；另一方面，无论是金属还是塑料玩具与食品混装都是不卫生的做法。所以要避免购买促销玩具或卡片与食品直接混装的产品。

淀粉及其制品

淀粉

辨别方法

👁	颜色与光泽	淀粉的颜色与淀粉的含杂量有关，光泽与淀粉的颗粒大小有关，一般来说，颗粒大时则显得有光泽。品质优良的淀粉色泽洁白，有一定光泽；品质差的淀粉呈黄白或灰白色，并且缺乏光泽
✋	斑点	淀粉的斑点是因为含纤维素、砂粒等造成的，所以斑点的多少，可以说明淀粉的纯净程度和品质的优劣。斑点少则手感细腻光滑
	干度	淀粉应该干燥，不粘手，手攥不成团，松手容易散，捻小块容易碎
☠	气味	品质优良的淀粉应有原料固有的气味，而不应有霉味、酸味或其他不良气味

知识链接

过黄、过白的淀粉可能是下脚料淀粉、工业淀粉或增白剂超标淀粉，下脚料淀粉致病物质、有毒物质含量很大，工业淀粉对重金属含量和细菌数量不作要求，若长期食用过量添加增白剂的淀粉、伪劣淀粉以及制品（粉条、粉丝等），会严重危害身体健康。

凉皮

◆ 辨别方法

👁	颜色	正常的凉皮应为透明的白色，最好不要选择色泽过白的凉皮，因为这些凉皮很有可能用工业制品蒸熏过
👄	弹性	正常的凉皮弹性适度，弹性太好的凉皮最好不要选购，这些凉皮在加工时极有可能添加有工业原料，长期食用可能会致病

知识链接

有时超市里会出售用调料拌好的凉皮、凉粉等淀粉制品，买这类凉拌食品时，一定要看看操作人员是否在安全卫生的环境下用安全卫生的设备来操作，并且要看看所用的调料是否干净卫生。另外，曾有在拌凉皮里发现工业粗盐的报道，工业粗盐含有大量有毒物质（亚硝酸盐）和致病菌，食用后会严重危害身体健康，消费者要严加注意。

小心凉皮中的明矾

一些淀粉类食品如粉条、粉丝、粉皮、凉粉、凉皮等在制作时常被加入明矾。明矾是一种含铝的无机物，被人体吸收后很难被人体排出而逐渐蓄积，长久可致人记忆力减退、抑郁和烦躁，严重的可致"阿尔茨海默病"等可怕疾病。

植物油

高级烹调油——传统油

植物油的生产原料有很多种：橄榄，花生，油菜籽，核桃，玉米或者葵花子……所有这些油不论是在味道、用途、价格方面，还是在质量方面都为我们提供了广泛的选择。在查看植物油的标签之前，首先要知道我国的食用植物油的等级：

（1）二级油颜色深、油烟大、酸价高，是我国正在淘汰的油品。

（2）一级油虽比二级油质量好，但色泽黄，油烟仍较大，对人体健康仍有负面影响。

（3）高级烹调油是用两种植物油调配而成的，其特点是颜色淡黄、酸价低，加热至200℃也不会冒烟。

（4）食用色拉油比烹调油颜色更浅，油烟更少，杂质酸价几乎没有，一年四季都能直接食用。

超市销售的植物油大多是国家规定的高级烹调油或是色拉油。高级烹调油是将普通食用油再加工成的精制食用植物油，主要作烹调用油，煎、炸、炒制各种菜肴，烹调时不起沫、油烟少，是色味俱佳、营养丰富的高档食用油。目前市场上供应的高级烹调油有大豆高级烹调油、油菜籽高级烹调油、花生高级烹调油、葵花子高级烹调油和米糠高级烹调油等。

有些假冒伪劣产品、等级低的产品也号称"高级"，混上了超市货架，消费者购买时一定要注意。

● 辨别方法

高级烹调油感官鉴别

	色泽	各种食用油由于加工方法不同色泽有深有浅，如热压出的油通常比冷压生产出的油颜色深
	透明度	质量好的油，温度在 20℃静置 24 小时后，仍呈透明状态
	沉淀物	食用植物油在 20℃静置 24 小时后所能下沉的物质，称为沉淀物。油脂的质量越高，沉淀物越少。沉淀物少，说明油脂加工精炼程度高，包装质量好
	气味	每种油均有特有的气味，这是油料作物固有的，如豆油有豆味，花生油有花生味，菜籽油有菜籽味，芝麻油有芝麻特有的香味等
	滋味	除小磨芝麻油带有特有的芝麻香味外，一般食用油多无任何滋味

常见的高级烹调油性状特征

花生油	优质花生油色泽淡黄至棕黄色，清晰透明，具有花生油固有的香味
大豆油	优质的大豆油呈黄色至橙黄色，完全清晰透明，具有大豆油固有的气味
葵花子油	优质葵花子油色泽金黄，清晰透明，有浓郁的葵花子的香味
菜籽油	优质的菜籽油呈黄色或棕色，清晰透明，具有油菜籽固有的气味
玉米油	玉米油实际上是玉米胚芽油，呈嫩黄色、色泽鲜亮，清澈透明，具有玉米固有的香味
棕榈油	精炼棕榈油呈黄色或柠檬黄色，在常温下是凝固的（凝固点是 27～30℃），夏季容器下部有可流动的白色沉淀物，而冬季为淡黄色凝块

国家安全标准

《国家食用油标准》核心内容：

必须标明生产工艺是"压榨"还是"浸出"；按品质将所有食用油分为四个等级，四级为最低等级，禁止只标注"烹调油""色拉油"作为等级；原料中的大豆是转基因的必须说明。

上述三项标准不在产品外包装上标出，产品将被禁售。

高级烹调油——橄榄油

辨别方法

🔊	问价格	由于中国不是橄榄油原产地，要依赖于进口，成本较高，好的橄榄油进口后的零售价格不可能很低。在国外，好的橄榄油价格也比较高
	查标签	橄榄油的类别、产地、酸度、净含量、生产工艺、瓶子的种类和颜色等，这些因素与价格的高低和品质等密切相关
👁	看外观	高品质的橄榄油浓稠透亮，呈黄绿色或金黄色，颜色越深越好。精炼油或勾兑油感觉稀薄，由于色素及其他营养成分被破坏导致颜色浅淡。如果液体混浊，缺乏透亮的光泽，说明放置时间长，开始氧化
👃	闻气味	高品质的橄榄油有果香味，不同的树种有不同的果味，不同的橄榄果有不同的香味，如甘草味、奶油味、水果味、巧克力味等。如果有陈腐味、霉潮味、泥腥味、酒酸味或酸败味等异味，说明变质，或者橄榄果原料有问题，或储存不当
👄	尝味道	如果有样品油，可取微量品尝。高品质的橄榄油口感爽滑，有淡淡的苦味及辛辣味，喉咙的后部有明显的感觉，辣味感觉比较滞后。如果有异味，或者干脆什么味道都没有，说明变质或者是精炼油或勾兑油

● 安全提示

橄榄油的维生素含量是最高的，它所含的 ω–3 脂肪酸是不可替代的，而且因为橄榄油提炼起来比较困难，其生产的劳动价值高，所以价格也就水涨船高了。另外橄榄油的确有很多好处，比如，防治心脑血管疾病、糖尿病，修复烧伤烫伤的创面等。

尽管如此，也不能只食用橄榄油，其他的植物油含有丰富的不饱和脂肪酸，可以增强身体的免疫力，改善皮肤营养，加速胃溃疡的痊愈，降低血压和胆固醇，是大脑正常运转所必需的原料。

进口橄榄油标签常见字

1.（Extra virgin olive oil）金牌初榨橄榄油

此类橄榄油是从首批冷榨的橄榄中提炼出来的，含有 0.5% 或少于 0.5% 的酸性，无化学添加元素。这种橄榄油含有丰富的人体保健元素，以及鲜美的味道、浓浓的香味。

2.（Virgin olive oil）天然橄榄油

此类橄榄油从第二批冷榨的橄榄中提炼出来。含少量人体保健元素。

3.（Olive oil）橄榄油

此类橄榄油是通过化学方法从第二批冷榨后的橄

榄中提取的，添加了一些超级纯天然橄榄油。一般无味道，而且也不包含任何额外对身体健康有益的元素。

4.（Pure olive oil）纯橄榄油

普通橄榄油的别称。

5.（Po mace oil）橄榄渣油

此类橄榄油与橄榄油相同，但不含任何味道添加剂。橄榄渣油和橄榄油一般不作为食品出售，而用来制作灯油、肥皂或机械润滑油。

6.（Lit olive oil）清淡橄榄油

此类橄榄油是为迎合市场而研制的。它是由橄榄油和少量的金牌初榨橄榄油混合制成，无任何味道和额外对身体健康有益的元素。清淡是指味道与颜色清淡，而不减少产热量，所以消费者容易混淆。

7.（Infused olive oil）超级纯天然香草橄榄油

通常是天然橄榄油浸泡各种不同的香草，以达到增加不同味道的作用。

8.（Flavored olive oil）加味橄榄油

通常是在橄榄油中增添不同的味素。

9.（Blended olive oil）混合橄榄油

指由不同国家、不同地区用不同种类的橄榄油混合加工而成的橄榄油。不同的橄榄质量、采摘方法和冷榨过程决定着橄榄油味道以及额外健康元素的含量。

色拉油

色拉油是指各种植物原油经脱胶、脱色、脱臭（脱指）等加工程序精制而成的高级食用植物油。主要用作凉拌或作酱、调味料的原料油。色拉油能够降低人体血清中胆固醇的含量，它不宜作为煎炸油使用，但可做炒菜油使用。目前市场上出售的色拉油主要有大豆色拉油、油菜籽色拉油、米糠色拉油、棉籽色拉油、葵花子色拉油和花生色拉油。

辨别方法

◉	标签	标签上至少应标明产品名称、等级、原料产地（属进口产品的也要标明原产国和原料产地）、生产工艺（压榨法或浸出法）、生产保质期、QS认证、生产厂家名称等。另外，如果是转基因原料也应当在标签中明确标示
	外观	色拉油必须颜色清淡、无沉淀物或悬浮物
☮	气味	无臭味，保存中也没有酸败气味，要求油的气味正常、稳定性好
❗	耐低温	要求其富有耐寒性，若将色拉油放在低温下，不会产生混浊物，甚至将加有色拉油的蛋黄酱和色拉调味剂放入冷藏设备中时也不会分离

● 安全辨析

压榨与浸出

压榨法是靠机械压力将油脂直接从油料中分离出来。这种工艺不需加任何添加剂，在全封闭无污染的条件下生产，保证产品安全、卫生、无污染，保留了油料的原汁原味，而且营养丰富。

浸出工艺，是采用六号轻汽油把原料充分浸泡之后，再经高温"六脱"精炼而成。这种工艺的优点是出油率高，成本低，这是目前色拉油大多采用浸出工艺的原因所在。

● 安全提示

提炼（包括精炼和脱臭）过程可以去掉植物难闻的气味，还能去掉由于保存不当而进入种子中的有毒物质。但是在去除这些杂质的同时，许多维生素等对身体有益的物质也随之失去了。实际上精炼油对生产单位及销售商更有好处，因为它们不易氧化，可以保存得更好、更久，而且，提炼后的残渣可以卖掉，这对于厂家来说也是一笔不菲的收入。

另外，"不含胆固醇"这个标记只不过是一个广告用语，在植物油里原则上是不可能没有胆固醇的。在生物化学中，胆固醇及其衍生物质是构成一切机体结构的基本成分，因此在精炼植物油的过程中，胆固醇不可能从油脂中被完全去掉。

芝麻油（香油）

芝麻油，是从芝麻中提炼出来的，具有特别香味，故又称香油。按榨取方法一般分为机榨香油和小磨香油，小磨香油为传统工艺香油。

● 辨别方法

👁	辨色法	纯正小磨芝麻油呈红铜色或橙红色，机榨产品比小磨香油颜色淡，掺入菜籽油呈深黄色，掺入棉籽油则颜色深红
👃	嗅闻法	纯正芝麻油的特点是具有浓郁而纯正的芝麻香味，选购者隔着瓶子就能闻到。如果为机榨产品则香味较淡，甚至香味不正。如果掺进了花生油、豆油、菜籽油等则不但香味差，而且会有花生、豆腥等其他气味
✋	摇荡法	取一瓶芝麻油用力摇动1分钟左右，停止、放正，纯正芝麻油的表面会有一层泡沫状气泡，但很快就会消失；假芝麻油的表面会有黄色泡沫，久久不能消失
👁	查商标	认真查看其商标，注意保质期和出厂期，无厂名、厂址、质量标准代号的，要特别警惕

● 安全辨析

机榨香油与小磨香油

香油是农产品芝麻的深加工产品，由于生产加工工艺不同，香油又分为小磨香油和机榨香油。机榨香油俗称大糟油，采用机榨工艺，效率高，成本低，但是产品颜色浅、香味淡、口感差，一般不宜做凉拌调味食品。

小磨香油工艺是中国几千年的传统石磨工艺，水代法取油，工艺过程中没有添加和使用任何添加剂、防腐剂及化学制剂，属纯天然物理工艺，颜色较深，并保持了芝麻香油纯天然的原汁、原味、原香。小磨香油现在已成为人们生活必备的高级调味品，而且它还是一种实实在在的营养保健品。

● 国家安全标准

按照国家相关规定，标注为"纯芝麻油"的产品，其芝麻油含量必须在 90% 以上。

● 安全提示

国内许多家庭式生产企业在芝麻焙炒过程中缺乏规范的、准确的生产过程控制，全凭经验，甚至有的生产者为了增加芝麻油的香味，故意加大焙炒时间，使其制造的芝麻油有更浓的香气和色泽，但这种香气是芝麻炒煳的焦香而不是芝麻油香，消费者一定要走出芝麻油越香越好的误区。

豆类制品

豆腐

辨别方法

	包装鉴别	真空袋装豆制品原则上要比散装的豆制品卫生，保质期长，携带方便，但一定要选购真空抽得彻底的完整包装。如果包装袋凸起，豆腐混浊、水泡又多又大或封口处破裂产生失水或缩水等现象，就不要购买
	视觉鉴别	优质豆腐呈均匀的乳白色或淡黄色，稍有光泽。劣质豆腐则呈深灰色、深黄色或者红褐色
	嗅觉鉴别	优质豆腐具有豆腐特有的香味。劣质豆腐有豆腥味、馊味等不良气味或其他外来气味
	形体鉴别	优质豆腐块形完整，软硬适度，富有一定的弹性，质地细嫩，结构均匀，无杂质。劣质豆腐块形不完整，组织结构粗糙且松散，易碎无弹性，表面发黏并且用水冲洗后仍然黏手

豆浆

◀ 辨别方法 ▶

色泽鉴别

👁	良质豆浆	呈均匀的乳白色或淡黄色
👁	次质豆浆	色泽稍显暗淡
	劣质豆浆	呈灰白色，无光泽

组织状态鉴别

	良质豆浆	液体均匀细腻，无悬浮颗粒，无沉降物，无肉眼可见杂质，黏稠度适中
👁	次质豆浆	液体尚均匀细腻，微有颗粒；存放日久可稍见瓶底有絮状沉淀，是乳化均质不甚良好所致
	劣质豆浆	液体不均匀，有明显的可见颗粒，豆奶分层，上层稀薄似水，下层沉淀严重。液体本身或过于稀薄或过于浓稠

气味鉴别

	良质豆浆	具有豆奶的正常气味，有醇香气，无异味
☣	次质豆浆	稍有异味或无香味，有的有轻微豆腥气
	劣质豆浆	有浓重的豆腥气、焦煳味、酸味或其他不良气味

滋味鉴别

	良质豆浆	具有豆浆固有的滋味，口感顺畅细腻
	次质豆浆	味道平淡，入口有颗粒感，但不严重，也无异常滋味
	劣质豆浆	有苦味、涩味或其他不良味道

 知 识 链 接

1. 豆奶

豆奶区别于豆浆之处在于去除了豆子的腥味、苦涩味，并加入糖、柠檬酸、稳定剂等辅料调味，购买时，其感官上的鉴别方式同豆浆类似。豆奶是一种植物蛋白饮料，营养价值较高。与牛奶相比，豆奶中蛋白质及油脂的不饱和脂肪酸含量高，并且不含胆固醇。豆奶中还含有丰富的矿物质，特别是铁的含量较高（高于牛奶），但钙质的含量较低，比较适合中老年及肥胖者。

2. 豆奶粉

豆奶粉是以豆类为主要原料制成的固态豆奶，其营养丰富、价格适宜、食用方便、保存期长，但假冒产品也一直很多。现以"维维"豆奶粉为例提醒广大消费者购买时注意以下内容：看其外包装上"十一色防伪"颜色是否纯正，看包装封口是否粗糙，打开后有没有异味，生产日期打印是否端正。

蔬果及其制品

蔬菜

辨别方法

👁	看标志	消费者应尽可能选购具有无公害蔬菜、绿色蔬菜、有机蔬菜标志的蔬菜，并仔细核对蔬菜标签的上架日期
	看外观品质	蔬菜外观品质要具有可采食时应有的特征，要清洁，成熟适度，新鲜脆嫩；外形、色泽良好，无影响食用的病虫害，无机械损伤；具有蔬菜自身特有的味道，无药斑，无刺鼻的化学药剂味
	避免节日前后抢购蔬菜	节日前后是蔬菜的销售高峰期，有的种植者为提高产量或使蔬菜无虫害外观，违规增加农药喷洒剂量，导致农药残留严重超标

安全提示

去除农药残留的方法

1. 冷水浸泡法

蔬菜上残留的农药主要为有机磷类杀虫剂，一般先用蔬果专用洗涤配方的水溶液洗掉表面污物，然后

用冷水浸泡 30 分钟，然后再反复
清洗 2 ~ 3 次。

2. 碱水浸泡法

先将蔬菜表面污物用冷水
冲洗干净，然后浸泡到碱水中（一般
500 毫升水中加入碱粉 5 ~ 10 克）5 ~ 15 分钟，然后
用清水冲洗，重复浸泡清洗 3 ~ 5 次。

3. 热水氽烫法

常用于芹菜、菠菜、青椒、菜花、豆角等。先用
清水将表面污物洗净，放入沸水中 2 ~ 5 分钟后捞出，
再用清水冲洗 2 ~ 3 次。

4. 储存"分解"法

蔬菜上残留农药一般会随着时间的推移而缓慢地
自行氧化分解。因此冬瓜、南瓜等不易腐烂的蔬菜可
以先存放一周再食用。

5. 暴晒法

利用阳光中多光谱效应，会使蔬菜中部分残留农
药被分解、破坏，这样经日光照射晒干后的蔬菜，农
药残留较少。

6. 去皮法

可用于黄瓜、胡萝卜、冬瓜、南瓜等。因为这些
蔬菜表面有一层蜡质，喷洒农药后，表面残留农药较
多，削去外皮可以有效去除残留农药。

食用菌

　　食用菌是可供食用的大型真菌，通常分为"菇""菌""蕈""蘑""耳"等，品种繁多，风味独特，营养丰富，中国已知的食用菌有350多种，常见的有：香菇、草菇、木耳、银耳、猴头、竹荪、松口蘑、口蘑、红菇和牛肝菌等。其中银耳、木耳、猴头菇等还兼有多种特定的滋补作用和医疗用途。

● 辨别方法

	选名牌	最好购买知名企业的名牌产品，他们使用的是现代化的生产线，采用现代化的制干工艺，这样的产品质量相对有保证
👁	审包装	购买时看清包装上的厂名、厂址、净含量、生产日期、保质期、产品标准号等内容。散装食用菌标签内容也要完整
	看品质	消费者在购买食用菌产品时应仔细观察产品颜色是否正常，是否有霉变，是否有大量的食用菌破碎，看包装底部是否有大量的泥沙、杂草或死的昆虫
👃	闻气味	散装食用菌要闻一闻看是否有特别异常的气味

半成品菜

曾几何时，超市里的半成品菜，成为许多上班族下班后选购回家做菜的主要来源。半成品菜既有肉类，也有蔬菜类，都是已经择、洗、切好的半成品，有时还会配好调料。

半成品菜大都是当天早晨配好的，一般可在两天内出售，过了两天，超市就会打折出售。有些菜虽然表面上看没什么问题，但由于菜都闷在里面，又不透气，很容易变质。

● 辨别方法

●	要低温	半成品菜适宜在 5～10℃的温度下保存。不要选购在收银台前散置的熟食或半成品菜，离开冰柜的食品因处于常温状态可能会变质
	膜齐整	半成品菜的保鲜膜要封好，没有滴漏现象，标签应标明超市名、生产日期、保质期、单价和保存条件

● 安全提示

由于半成品菜在超市中一般都是在冰柜中冷藏放置的，在买回家后，不要立即食用，务必先放置一会儿，待其恢复常温后再进行烹炒，否则营养成分尽失。隔天食用的半成品菜，即使是在冰箱中冷藏也最好不要超过 3 天，择洗过的菜很容易变质。

酱腌菜

酱腌菜也叫酱菜，是以新鲜蔬菜为原料，经食盐腌渍成"咸菜坯"后，用压榨方法将"菜坯"中多余的水分沥出，使其盐分变淡。然后再经各种不同酱品（酱汁、酱油）的腌渍，使酱品里的糖分、氨基酸、芳香气等渗入"菜坯"内，使之成为风味鲜美、营养丰富的酱菜成品。

● 辨别方法

看品质	选购散装酱腌菜时一定要仔细检查：来自正规厂家，标签规范，产品的色、香、味均正常，无杂质，无其他不良气味，汤汁不混浊，固形物无腐败现象，没有霉斑白膜。消费者应尽量购买带包装的酱腌菜产品，有包装的产品受到的污染较少
要真空	如发现袋装产品已胀袋，或瓶装产品瓶盖已凸起，可能产品已有细菌侵入并繁殖发酵，不能食用

● 安全提示

亚硝酸盐的形成有以下四个条件：原料不佳，水质不洁，含盐不足，腌制期短。正规厂家生产的酱腌菜在腌制过程中有严格的管理体系。所以，正规厂家生产的酱腌菜质量比较有保证。

水果

● 辨别方法

	应时令	尽量购买当令水果,不合时令的水果一般需额外喷洒大量药剂才能提前或延后采收上市
	选种类	有套袋保护的水果,药剂附着较少,没有套袋的、表皮光滑的水果农药残留较少;没有套袋或外表不平或有细毛者,则较易附着农药
	有虫孔	外表稍有瑕疵甚至有小虫孔的水果无损其营养及品质,而且说明农药残留较少
♨	闻气味	若水果外表留有明显药渍,或有不正常的化学药剂气味,应避免选购

知 识 链 接

识别生熟西瓜

(1)看:熟瓜皮色灰暗,生瓜鲜嫩明亮;熟瓜的脐部凹入较深,生瓜凹入较浅。

(2)拍:声音钝浊沉重的是熟瓜,清脆的是生瓜。

(3)挤:抱起西瓜,放在耳边,两手轻轻挤压,瓜里发出裂声的是熟瓜,没有裂声的是生瓜。

(4)水:熟瓜会浮在水面上,生瓜则沉入水底。

洋水果

辨别方法

目前市场上消费者比较熟悉的洋水果有提子、蛇果、什橙、水晶梨、奇异果、柠檬、杧果等。以下是较常见的几个品种，消费者购买时一定要注意其品质特征，防止买到假冒产品。

1. 红提

原产美国、智利。同葡萄的褐红色不同，红提呈深红色。果形一致，大小均匀，整串无散粒。拿在手里较硬。口感脆甜，有一种纤维质的感觉。葡萄手一捏，皮和肉易分离。而红提的皮薄，皮和肉很难分开。

2. 布林

原产美国，类似中国的金华李。果形大小均匀，表面光滑细腻，呈红色。硬时吃味道与金华李相同，但核小，肉多，口感特别好。

3. 水晶梨

原产日本，跟河北的水晶鸭梨虽仅一字之差，但外形、口感却迥异。水晶梨个头较大，拿在手里有一种下坠的感觉，深黄色。水晶梨的独特之处在于，它的外形不像梨，吃起来特别脆。

坚果、干果

坚果阵容庞大：花生、松子、榛子、开心果、白瓜子、葵花子、西瓜子、核桃、白果、无花果、栗子；干果队伍也不小：桂圆、葡萄干、枣、柿饼……这类食品因营养价值高、保健功能强而使消费者情有独钟，它们在质量方面存在的问题主要是超市里二次污染、以次充好，以及利用工业石蜡、石盐、二氧化硫对这类食品进行"美容"。

● 辨别方法

◉	选名牌	要尽量选择规模较大、产品质量和服务质量较好的知名企业的产品
	审标签	如发现仔细查看标签上是否按规定标出了产品品名、产地、厂名、生产日期、批号或代号、规格、保质期、食用方法等。袋装产品已胀袋，或瓶装产品瓶盖已凸起，可能产品已有细菌侵入并繁殖发酵，不能食用
	看品质	坚果、干果类食品如果保存不当，很容易霉变，霉变的产品是无食用价值的，消费者购买时应仔细检查。还要观察外壳是否有破损现象，如外壳破损，则可能里面的果肉已受污染，不能食用。建议消费者尽量选购定型包装产品

闻气味	定型包装产品在打开包装后要闻一下，如有刺鼻的异味则可能为二氧化硫残留量较高的产品。消费者也可通过闻味的方法来判别产品是否新鲜可食，如产品有酸味，说明产品已经腐败变质，不能食用

知 识 链 接

识别优质干果：

1. 桂圆

（1）外观：颗粒完整，具有桂圆固有的色泽，无破损。

（2）色泽：肉色呈黄亮棕色至深棕色，无虫蛀，无霉变。

（3）气味及滋味：具有本品固有的甜香，无异味，无焦苦。

（4）组织形态：果肉与果核易剥离，组织紧密。

2. 荔枝

（1）外观：外壳完整，具有荔枝固有的色泽，无破损。

（2）色泽：果肉呈棕色至深棕色，无虫蛀，无霉变。

（3）气味及滋味：具有固有的甜酸味，无异味。

（4）组织形态：组织紧密。

3. 葡萄干

（1）外观：颗粒完整，无破损。

（2）色泽：呈黄绿色，红棕色或棕色，无虫蛀，无霉变。

（3）气味及滋味：具有本品固有的鲜醇甜味，略带酸味，无异味。

（4）组织形态：质地柔软。

4. 柿饼

（1）外观：完整，不破裂，蒂贴肉、不翘。

（2）色泽：表层呈白色至灰白色霜，剖面呈橘红色至棕褐色，无虫蛀，无霉变。

（3）气味及滋味：具有本品固有的甜、香味，无异味，无涩。

（4）组织形态：果肉呈纤维状，紧密、有韧性。

5. 核桃

（1）外观：个大圆整，壳薄白净，果仁丰满。

（2）色泽：仁衣以黄白为上，暗黄为次，褐黄更次，带深褐斑纹的"虎皮核桃"质量也不好。

（3）气味：拿几个核桃闻一闻。陈果、坏果有明显的哈喇味。

蜜饯

蜜饯是我国具有悠久历史的民间传统食品，指以干鲜果品、瓜类、蔬菜等为主要原料，经糖渍、蜜浸、盐渍等不同工艺加工而成的众多食品之统称。按其性质特点和加工方法可分为蜜饯类（糖渍蜜饯、返砂蜜饯）、果脯类、果糕类、凉果类等。

1. 糖渍蜜饯

原料经糖渍、蜜浸，将成品浸渍在一定浓度的糖溶液中包装出售。整体略有透明感，如糖青梅、蜜樱桃、蜜金橘、糖化皮榄等。

2. 返砂蜜饯

原料经糖渍、糖水煮后，烘焙至一定程度而成。成品表面干燥，附有白色糖霜，如冬瓜条、金丝蜜枣、青红丝、白糖杨梅等。

3. 果脯

原料经糖渍、糖制后，经过烘焙干燥而成。成品表面不黏不燥，有透明感，无糖霜析出，如杏脯、桃脯、苹果脯、梨脯、枣脯、青梅等。

4. 果糕

原料加工成酱状，经浓缩干燥，成品呈片、条、块等形状，如山楂糕、金糕条、山楂饼、果丹皮等。

5. 凉果

原料经过洗、漂、晾晒（烘），配以甘草（有的还要加香料）、盐、糖（糖分 50% 以下）等浸渍，再晾晒（烘）制成。形状一般保持原果整体，表面干燥，有的有盐霜；味道甘美、酸甜，有原果风味，并且生津止渴，有消滞开胃作用，如话梅、话李、九制陈皮、甘草榄、甘草金橘等。如加香料则具有浓郁香味，如柠檬李、丁香榄、福果等。

● 辨别方法

	选名牌	果脯蜜饯产品质量市场上良莠不齐，消费者最好到大型超市、商场购买，并最好选择知名企业生产的产品，这样的产品质量相对比较有保证
◉	看外包装	蜜饯产品外包装必须符合 GB 7718《食品标签通用标准》规定要求。无论是袋装、盒装、瓶装的小包装还是散装的蜜饯外包装都必须标明：食品名称、配料表、净含量、制造者或经销者的名称和地址、生产日期、保质期或保存期、产品标准号
	整体观察	滋味与气味（包括味道和香气）表示整体产品的风味质量，各类产品应有其独特的香味，不得有异味；另外各类产品不允许有外来杂质，如砂粒、头发丝等

看产品个体的外观质量	优质蜜饯必须符合以下要求：形态、长短、厚薄基本一致；产品表面附着糖霜均匀，无皱缩残损、破裂和其他表面缺陷；颗粒表面干、湿的程度基本一致；色泽自然，没有过多使用合成色素的迹象
看产品个体的内在品质	优质蜜饯必须符合以下三点：肉质细腻、糖分分布渗透均匀、颗粒饱满
按需选购产品种类	因果脯通常含糖量较高（可高达70％），对于糖尿病患者等不宜过多摄入糖的人群，最好选择那些以功能性甜味剂代替蔗糖的低糖果脯蜜饯产品。另外，有的产品含有较高盐分，有的产品含有大量甜味剂、防腐剂和色素等添加剂，儿童食用这些产品时要注意有所选择，建议适量食用

●国家安全标准

国家蜜饯食品卫生标准规定

（1）各类蜜饯产品中糖精钠含量不得大于 0.15 克／千克。话梅、话李的糖精钠含量不得大于 5.0 克／千克。

（2）所有蜜饯产品的苯甲酸、苯甲酸钠、山梨酸、山梨酸钾含量不得超过 0.5 克／千克。

（3）所有蜜饯产品的二氧化硫残留量（以游离二氧化硫）不得超过 1.0 克／千克。

糖及糖果

食糖

食糖是人们日常生活中的重要食品，是人类重要的热能来源，在维持人体健康方面起着重要的物理和生理作用。食糖也是食品工业的主要原辅料。我国的食糖根据糖原料的不同，可分为甘蔗糖、甜菜糖；根据制造设备的不同可分为机制糖和土制糖，机制糖的品种有白砂糖、绵白糖、赤砂糖等。

白砂糖是颗粒状结晶糖，有四个级别：精制、优级、一级、二级。绵白糖简称绵糖或白糖，质地绵软、细腻，是国内消费者比较喜欢的一种食用糖，有三个级别：精制、优级、一级。赤砂糖中几乎保留了蔗汁中的全部成分，保留了甘蔗糖汁的原汁、原味，特别是甘蔗的清香味。赤砂糖有两个级别：一级、二级。

辨别方法

看		
👁	白砂糖	外观干燥、松散、洁白、有光泽，平摊在白纸上不应看到明显的黑点。按颗粒有粗粒、大粒、中粒、细粒之分，颗粒均匀，晶粒有闪光，轮廓分明
	绵白糖	晶粒细小，均匀，颜色洁白，较白砂糖易溶于水，适用于一般饮品、点心及其他糖制食品

👁	赤砂糖	呈晶粒状或粉末状，干燥而松散，不结块，不成团，无杂质，其水溶液清晰，无沉淀，无悬浮物。颜色有红褐、青褐、黄褐、赤红、金黄、淡黄、枣红等多种

闻

👃		白砂糖、绵白糖用鼻子闻有一种清甜之香味，无任何怪异气味；赤砂糖则保留了甘蔗糖汁的原汁、原味，特别是甘蔗的特殊清香味
		定型包装产品在打开包装后要闻一下，如有刺鼻的异味则可能为二氧化硫残留量较高的产品。消费者也可通过闻味的方法来判别产品是否新鲜可食，如产品有酸味，说明产品已经腐败变质，不能食用

摸

✋		用手去摸，感觉松散且没有糖粒粘在手上，说明含水分低，不易变质，易于保存

尝

👄	白砂糖	溶于水中无沉淀和絮凝物、悬浮物出现，品尝其水溶液滋味清甜，无任何异味
	绵白糖	在单位面积舌部的味蕾上糖分浓度高，味觉感到的甜度比白砂糖大
	赤砂糖	口味浓、甜、香、鲜，微有糖蜜味

● 安全提示

1. 食糖的保存

所有种类的食糖均应保存在干燥、阴凉处，打开包装后更要密闭保存，避免受潮和阳光直射。否则，白砂糖、绵白糖糖分发生转化，易变黄色，甚至滋生微生物、螨虫。

食糖的保存期一般为 18 个月，勿超期存放。

2. 食糖的使用

白糖（白砂糖、绵白糖）最好加水煮沸后食用。如果直接高温加热则很易焦化，焦化后的黑色焦糖因成分发生变化，已经不宜食用。

赤砂糖食用时需加水煮开，撇除浮沫、去掉沉淀物后食用。它比白砂糖多一倍铁元素，还富含锰、锌、铜等元素，是青少年、妇女，特别是产妇的最佳辅助用糖。

知 识 链 接

在商业经营上食糖还有以下三种：

1. 土红糖

结晶细软，色泽深浅不一，有红、黄、紫、黑等色，用传统方法生产，含糖蜜、杂质、水分均较高。由于它含有丰富的无机盐和维生素，具有补血、化瘀等功效，特别适合于产妇、儿童及贫血者食用。

2. 冰糖

采用特殊结晶方法制成的大块蔗糖结晶，呈半透明状，杂质转化糖及水分的含量较少，易保存。冰糖味甘，性平，有补中益气，和胃润肺的功效，用于治疗肺燥咳嗽，咽痛口干，胃弱怠食，高血压等。

糖果

糖果是以白砂糖（绵白糖）、淀粉、糖浆、可可粉、可可脂、奶制品、凝胶剂等为主要原料，添加各种辅料，按一定工艺加工制成的甜食。

辨别方法

选择购买地点

👁 消费者应到正规销售渠道选择那些有一定规模、产品质量和服务质量较好的企业的产品，尽量选购近期生产的、包装完整的产品

注意产品价格

❗ 不要选择价格过于便宜的糖果，价格特别便宜的糖果有可能在原料中添加了滑石粉

闻大体气味

👃 可以闻一闻所选的糖果，变质的糖果一般都有霉味或焦味等难闻的气味

看整体外观

👁	包装	包装纸应紧密，无破损，糖体无潮解，不粘纸
	外形	边缘整齐，无缺角裂缝，表面平光，花纹清晰，大小厚薄均匀，无明显变形，且无肉眼可见的杂质
	味道	正常、均匀、鲜明，香气纯净、纯正，口味浓淡适中，没有其他异味

观察糖果组织

⊙ 根据糖果组织结构不同可分为硬糖、半硬糖、软糖、夹心糖和巧克力糖等5种。不同种类的糖果其组织是不同的，具体而言：

硬糖	表面应光亮透明，可能会有少量很小的气泡，但如果气泡多而且比较大，质量就不是很好。酥脆型糖果则应是色泽洁白或有该品种应有的色泽，酥脆，不粘牙，剖面有均匀气孔
半硬糖	表面应光滑细腻，口感细腻润滑，咀嚼时不会感觉太硬或太软，有弹性，不粘牙。含果仁的糖果中，果仁应分布均匀，剖面有微孔，口感较疏松，购买者应特别注意糖果中所含的果仁有没有酸败、虫蛀、发霉的现象
软糖	柔软适中，无硬皮，表面不粗糙，无皱褶、无气泡、平滑细腻，富有弹性，不粘牙。有的软糖外表布有细砂糖，应注意观察其砂糖的分布，应细密而均匀。由于其具有一定的弹性，因此那种入口即化，或特别粘牙的软糖的质量就不太好
夹心糖	外皮薄厚均匀，夹心层次分明，馅心或细腻或酥脆，丝光纹路整齐，无破皮露馅现象，无杂质，不粘牙
巧克力糖	表面光滑细腻，有光泽，剖面紧密，无明显气泡，口感细腻润滑，不糊口，无粗糙感

• 安全误区

每天吃很多糖果	糖果多吃不但不利健康，反而对身体有害。健康成人每人每天可吃3块糖果，老年人和儿童应该少吃一些，一天吃一块糖果就可以了
饭前吃糖果	糖果能抑制消化液的分泌，饭前吃会影响食欲
吃完糖果不刷牙	如果不及时刷牙，无论老幼，蛀牙的患病率都将大大增加
吃糖果慢条斯理	糖在嘴里的时间越长，产生的乳酸越多，对牙齿越不利

• 安全提示

1. 生病的宝宝少吃糖

　　吃甜食多，会对病儿免疫力产生不利的影响。正常情况下，人体血液中一个白细胞的平均吞噬病菌能力为14，吃了一个糖馒头之后变为10，吃了一块糖点心之后变为5，吃一块奶油巧克力之后变为2，喝一杯香蕉甜羹后则为1。由此可见甜食对免疫力的危害。

2. 不能以糖果代替正餐

　　糖果营养成分单一，其中所含的某些物质还会破坏维生素，所以不能以糖果代替正餐。健康人在洗澡前和饥饿时可以少量吃糖，在剧烈运动前也可以补充少量的含糖饮料。另外，食用糖果的同时要注意补充蛋白质、维生素等其他营养物质。

果冻

辨别方法

	选择购买地点	尽量到一些信誉比较好的大商场、大超市购买，以保证买到质量较好的产品
	仔细检查标签	要选择品名、配料表、净含量、厂名、厂址、生产日期、产品标准和保质期等标注齐全的产品
	看配料表	看配料中是否添加了防腐剂和甜味剂，产品中的防腐剂和甜味剂属于人工合成的添加剂，食用过多有害
	看产品颜色	那些色彩鲜艳的果冻往往是添加了较多的色素，虽然很诱人，但食用过多对身体是有害的

安全提示

　　果冻是一种以海藻胶作主要原料制成的休闲食品，深受儿童喜爱。但小杯型的果冻并不适宜儿童食用，尤其是 3 岁以下幼儿。3 岁以下幼儿的咽部还未发育成熟，而小杯型的果冻，形状像一个塞子，体积小，质感光滑并富有弹性，幼儿吸食的时候，很容易一口吞下，被堵住气管，窒息死亡。3 岁以下儿童不要喂食果冻，更不要让儿童单独食用。

巧克力

巧克力又称朱古力，它是以可可脂、可可粉、白砂糖、乳制品、食品添加剂为原料制造而成的，是具有可可香味和奶香味的糖食。巧克力具有棕黄浅褐，光洁明亮的外观，致密脆硬的胶体组织结构，口感润滑，微甜，营养价值高，含有蛋白质、脂肪和糖类，以及比较丰富的铁、钙、磷等矿物质，是热量比较高的食品，适合作为营养和热能补充食品。巧克力按配料的不同分香草巧克力、奶油巧克力、特色巧克力三类。

一些生产商为了降低巧克力的成本，使用原料替代品，即代可可脂，来制造巧克力。代可可脂是"反式脂肪酸"的一种，这种物质对人体的危害是潜在、渐进的，所以这些代可可脂巧克力可谓"慢性杀手"。

● 辨别方法

	看包装	优质产品包装精密、端正，无破损，无反包，无重包，无糖屑粘连现象
◉	看标签	标签端正，内容完全：品名、净含量、厂名和厂址、标准代号、配料表、生产日期、保质期、储存方法等
	看色泽	优质巧克力均匀一致，有光泽，无发白、发花，符合该产品应有光泽

	看形态	优质巧克力块形完整，大小一致，表面光滑，边缘整齐，厚薄均匀，花纹清晰，无缺角裂纹，无明显变形，无肉眼可见外来杂质
	看组织	优质巧克力剖面紧密，结晶细密，口感细腻、润滑、不糊口，无1毫米以上气孔，无粗糙感
	尝味道	优质巧克力香气适中，滋味纯正，符合该品种应有的滋味和香气

安全辞典

可可脂：是天然可可（只出产于南美洲等热带地区）果实的提炼产物，具有的香醇滑润的口感和入口融化、均匀有序的特点（可可脂熔点为33℃），并伴着浓郁的可可香。可可脂是不饱和脂肪酸，它有利于控制胆固醇含量，可以预防心血管疾病。

代可可脂：即氢化油脂，是"反式脂肪酸"的一种，一般由植物油脂通过精炼、加氢、急速降温而成，使油脂在常温下凝结为固态。代可可脂口感较差，没有香味，通常溶点要比可可脂稍高一些。

国家安全标准

我国《巧克力与巧克力制品》标准规定

巧克力中可可脂的含量白巧克力不低于20%，黑巧克力不低于18%，巧克力中除可可脂之外的脂肪含量不能超过5%。

口香糖

口香糖是一种供人们放入口中咀嚼，带有甜味的树胶食品，又被叫作胶姆糖，分为含糖口香糖和无糖口香糖。决定口香糖质量的因素主要是口香糖的原材料，包括口香糖的"胶基"和添加剂。蔗糖是含糖口香糖添加剂的重要成分，无糖口香糖内无蔗糖，而有糖的代用品。常用于口香糖的糖代用品有山梨醇和木糖醇。

辨别方法

	看包装	正规厂家生产的优质口香糖包装整齐，无变形、破损现象，包装上印刷规范，标签规范完整
	选种类	选购口香糖时，要想防止龋齿的产生和恶化，仅仅注意有糖、无糖是不够的，最好是标明"木糖醇"的口香糖。口腔里的变形链球菌没有发酵木糖醇的酶，不能利用木糖醇发酵产酸，因此，木糖醇没有致龋作用

安全提示

1. 饭后嚼木糖醇口香糖

吃完饭漱口之后，嚼木糖醇口香糖对牙齿是有益的，尤其在儿童长恒牙时每天嚼木糖醇口香糖三四次，可以增强牙齿的抗龋能力。

. 口香糖只嚼一刻钟

咀嚼口香糖的时间最好不要超过 15 分钟，有胃病的人更不宜过多地嚼口香糖，因为长时间咀嚼口香糖，会反射性地分泌大量胃酸。特别是在空腹状态下，不又会出现恶心、食欲缺乏、泛酸等症状，长期下去还有可能导致胃溃疡和胃炎等疾病。

● 安全辨析

无糖食品与无蔗糖食品

无糖食品是指不含蔗糖（甘蔗糖和甜菜糖）和淀粉糖（葡萄糖、麦芽糖、果糖）的甜食品，由麦芽糖醇、山梨醇、木糖醇等作为食糖替代品。

无蔗糖食品不等于无糖食品，因为无蔗糖食品中可能含有其他单糖（葡萄糖等）或双糖（麦芽糖等）。

知 识 链 接

泡泡糖的主要成分是橡胶和增塑剂。天然橡胶一般是无毒的，但制作泡泡糖所用的一级白绉片胶是加了促进（硫化物）剂、防老剂等添加剂的，这些添加剂均有一定毒性，虽然国家规定了每日的允许摄入量，但如果儿童过多地吃泡泡糖，这些有毒物质会给孩子带来潜在的危害。

乳制品

牛奶

牛奶富含蛋白质、脂肪、氨基酸、糖类、盐类、钙、磷、铁等各种常量、微量维生素、酶和抗体等，是一种仅次于人类母乳的营养成分最全、营养价值最高的液体食品。超市里出售的带包装的牛奶已经不是鲜牛奶，因为刚挤出来的纯鲜牛奶是不能直接喝的，需要经过一定程度的加热灭菌。根据加热时间的不同，可分为两类：

1. 巴氏奶

是将牛奶置于80℃的温度下，经过15秒杀菌制成的，产品包装上标注有"巴氏灭菌"字样。巴氏奶最大限度地保留了鲜奶中的营养成分和特有风味，同时杀死了奶中的致病菌和腐败菌，保证了产品的安全性。因为没有彻底灭菌，所以巴氏奶应在4～7℃的温度下保存，一般保质期在7天以内。

2. 常温奶

也叫超高温灭菌奶，是将牛奶迅速加热到135～140℃，在3～4秒的时间内瞬间杀菌，达到无菌指标的奶，产品包装上标注有"超高温灭菌"字样。在加工过程中，牛奶中对人体有益的菌种也会遭到一定程度的破坏，维生素C、维生素E和胡萝卜素等都

有一定的损失，B 族维生素损失 20% ~ 30%，常温奶
为营养价值较巴氏奶稍低。它是保鲜时间最长的牛奶，
根据包装材料的不同，可在常温情况下保存 30 天到 8
个月。

辨别方法

看保存条件	如果不按规定的低温等条件保存，即使在保质期内也有可能变质	
看包装	看包装是否整洁，有无胀袋、破损等现象	
看标签	仔细检查标签，看是否有生产厂家，弄清其确切的奶含量以及是否过期	

国家安全标准

2005 年 10 月 1 日起，《预包装食品标签通则》和《预
包装特殊膳食用食品标签通则》两项国家强制标准正
式实施。两项强制标准规定：所有市面上销售的经过
消毒或高温等加工处理的奶制品，今后都不得在包装
上标示为"鲜奶"。

安全误区

1. 消毒灭菌温度越高越安全

有人认为，"超高温灭菌奶"更安全，其实牛
奶的营养成分在高温下会遭到破坏，其中的乳糖在
高温下甚至会焦化，所以超高温灭菌奶并非最好的

选择。巴氏消毒法不会破坏牛奶的营养成分，且杀菌率可达 97.3% ~ 99.9%，只要将牛奶置于 4 ~ 7℃的温度之下，所残存的少量细菌就会被有效抑制，不会影响人体健康，但儿童喝"巴氏奶"一定要经煮沸后再饮用。

2. 含钙量越高越有营养

其实牛奶本身的含钙量差别并不大，但有些厂家为了寻找卖点，在天然牛奶当中加进了化学钙，人为提高产品的含钙量，但这些化学钙不易被人体吸收，久而久之在人体中沉淀下来甚至会造成结石。

3. 浓度越高越有营养

牛奶越浓越香，口感越好，为此许多厂家在牛奶中勾兑奶油和香精，其实这样的牛奶远不如天然的淡香牛奶对人体有利。

4. 脱脂牛奶有利于减肥

很多人担心喝了牛奶会长胖，因此总是选择脱脂牛奶。其实，牛奶当中所含的脂肪不可能直接转化为人体脂肪，而且天然牛奶自身所含的脂肪比例并不高，所以认为喝了牛奶会长胖是一种误解。脱脂牛奶营养成分大为减少，常饮也不利于人体的健康。

酸奶

酸奶，是用乳酸菌将牛奶进行预消化，乳糖、蛋白质、脂肪降解，增加可溶性钙、磷，并合成了一些B族维生素制造而成，营养成分几乎没有损失，其中部分乳糖转化为乳酸菌。酸奶最突出的优势就在于其中的乳酸菌能帮助乳糖消化，使我们能更好地吸收钙质，同时酸奶能够丰富消化系统的菌群，促进消化系统的平衡和新陈代谢，缩短食物在肠胃里的滞留时间。酸奶的分类主要有三种形式：

1. 按其组织状态

（1）凝固型酸奶：在接入菌种后，装入容器保温发酵，成品在容器内呈凝固状态，然后将凝固状态的酸奶包装销售。

（2）搅拌型酸奶：在接入菌种后，在大型发酵罐中发酵，又经机械搅拌成为液态，然后再装入销售包装容器。搅拌型酸奶更适合于大规模生产，便于添加果料，使产品多样化。

2. 按脂肪的含量

全脂酸奶、部分脱脂酸奶、脱脂酸奶。

3. 按所用原料

（1）纯酸奶：以牛乳（或复原乳）为原料，脱脂、部分脱脂或不脱脂，经发酵制成的产品，不得添加其他辅料。

（2）果料酸奶：以牛乳（或复原乳）为原料，脱脂、部分脱脂或不脱脂，添加天然果料如草莓、菠萝等辅料经发酵制成的产品，不得添加其他调味剂。

（3）调味酸奶：以牛乳（或复原乳）为主要原料，脱脂、部分脱脂或不脱脂，添加食糖、调味剂（如食用香料），经发酵制成的产品。

● 辨别方法

	选名牌	选择规模较大、产品质量和服务质量较好的知名企业的产品。由于规模较大的生产企业对原材料的质量控制较严，生产设备先进，企业管理水平较高，产品质量也有所保证
	看外包装	酸奶的包装形式多种多样：纸包，要看有无胀包、破损、污染现象；塑料袋，要看有无漏包；塑料瓶，要看封口是否紧密
	查验标签	要仔细看产品包装上的标签、标识是否齐全，特别是配料表和产品成分表，以便于区分产品是纯酸牛奶还是调味酸奶，或是果料酸牛奶，选择合适于自己口味的品种，再根据产品成分表中脂肪含量的多少，选择自己需要的产品。另外要看清标签上标注的是酸奶还是酸牛奶饮料，酸牛奶饮料的蛋白质、脂肪的含量较低，一般都在 1.5% 以下
	少量多次	由于酸牛奶产品保质期较短，一般为一周，且需在 2～6℃ 之间冷藏，因此选购酸牛奶时应少量多次

● 安全误区

1.空腹喝酸奶

适宜乳酸菌生长的 pH 值为 5.4 以下；空腹时，人的胃液酸度 pH 值在 2 以下；饭后胃液被稀释，pH 值可上升到 3.5。因此，空腹饮用酸奶，乳酸菌易被杀死，保健作用减弱；而饭后 2 小时饮用，保健功能较好。

2.酸奶加热

酸牛奶中的活性乳酸菌对人体有益无害，具有增强胃肠消化能力的作用，它可分解鲜牛奶中的乳糖而产生乳酸，使肠道酸性增加，有抑制腐败菌生长和减弱腐败菌在肠道中产生毒素的作用。而经过加热煮沸后，不仅酸奶的特有风味消失，而且其中的有益菌也被杀死，营养价值大为降低。

3.饮用酸奶后不漱口

随着乳酸菌系列饮品品种的增多，儿童龋齿发生率也在上升，这与常饮乳酸菌饮料不无关系。因为乳酸菌中的某些菌种对龋齿的形成起着重要的作用，因此，在饮用酸奶或乳酸菌饮料后应及时用白开水漱口。

4.婴儿喝酸奶

在现代家庭中，常可看到父母给婴儿喂酸奶，其实这种做法是很不科学的。酸牛奶虽能抑制和消灭病原菌的生长，但同时也破坏了对婴儿有益菌群体的生长条件，还会影响正常的消化功能。

果味奶（乳酸菌饮料）

● 辨别方法

	尽量购买近期生产的产品	乳酸菌随着保存时间的延长而使活性降低，直至乳酸菌死亡，营养尽失
	查看包装及内容物	购买活性乳酸菌饮料应注意查看包装是否干净完整，如果发现胀袋、胖听或饮料结块，有异味等现象，说明该饮料已变质，不能再食用
	避免与其他饮料混淆	若无明显标示，则可从配料表中判别。配料表中会标明有乳酸菌，如配料表中无乳酸杆菌或没有标明含有乳酸，则不是乳酸菌饮料
	分清活性和非活性两种	若无明显标示，则可从标签的说明中分辨。活性乳酸菌未经高温灭菌，一般需在 2～8℃条件下冷藏；非活性乳酸菌饮料不需冷藏，常温保存。有的非活性乳酸菌饮料会在标签上说明发酵后经高温灭菌

● 安全提示

　　果味奶优点在于口味选择多，有的果奶中还添加了钙、铁、锌、维生素 D 等物质。但切忌让儿童将其作为牛奶的替代品，因为它含糖量较高，而蛋白质和钙的含量很低，长期饮用可促使儿童发胖、发生龋齿等。

普通奶粉

● 辨别方法

之一：外在识别

👁 **看奶粉包装物**	产品包装物印刷的图案、文字应清晰，文字说明中有关产品和生产企业的信息标注齐全；然后要看产品说明，无论是罐装奶粉还是袋装奶粉，其包装上都会有配方、执行标准、适用对象、食用方法等必要的文字说明
查奶粉的制造日期和保质期	一般罐装奶粉的制造日期和保质期分别标示在罐体或罐底上，袋装奶粉则分别标示在袋的侧面或封口处，消费者据此可以判断该产品是否在安全食用期内
👁 **挤压奶粉的包装，看是否漏气**	由于包装材料的差别，罐装奶粉密封性能较好，能有效遏制各种细菌生长，而袋装奶粉阻气性能较差。在选购袋装奶粉时，双手挤压一下，如果漏气、漏粉或袋内根本没气，说明该袋奶粉有质量问题，不要购买
检查奶粉中是否有块状物	罐装奶粉一般可通过盖上的透明胶片观察罐内奶粉，摇动罐体观察，奶粉中若有结块，则证明有质量问题。袋装奶粉的鉴别方法是用手指捏，如手感松软平滑且有流动感，则为合格产品，如手感凹凸不平，并有不规则块状物，则该产品为变质产品

之二：内容物鉴别

🤚	试手感	用手指捏住奶粉包装袋来回捻动，真奶粉质地细腻，会发出"吱吱"声；而假奶粉由于掺有绵白糖、葡萄糖等成分，颗粒较粗，会发出"沙沙"的流动声
👁	辨颜色	真奶粉呈天然乳黄色；假奶粉颜色特别白，或呈漂白色，甚至有其他不自然的颜色，细看有结晶和光泽
☠	闻气味	打开包装，真奶粉有牛奶特有的乳香味；假奶粉乳香味甚微，甚至没有乳香味
👄	尝味道	把少许奶粉放进嘴里品尝，真奶粉细腻发黏，易粘住牙齿、舌头和上颚部，溶解较快，且无糖的甜味（加糖奶粉除外）；假奶粉放入口中很快溶解，不粘牙，甜味浓
👁	看溶解速度	把奶粉放入杯中，用冷开水冲，真奶粉需经搅拌才能溶解成乳白色混浊液；假奶粉不经搅拌即能自动溶解或发生沉淀。用热开水冲时，真奶粉形成悬浮物上浮，搅拌之初会粘住调羹；掺假奶粉溶解迅速，没有天然乳汁的香味和颜色。其实，所谓"速溶"奶粉，都是掺有辅助剂的，真正速溶纯奶粉是没有的
	识别变质奶粉	变质的奶粉在冲调后往往色泽灰暗，有焦粉状沉淀或大量蛋白质变性凝固颗粒及脂肪上浮，有酸臭味，入口后对口腔黏膜有刺激感

婴儿奶粉

为了降低成本，劣质婴儿奶粉主要是以各种廉价的食品原料如淀粉、蔗糖等全部或部分替代乳粉，再用奶香精等添加剂进行调香调味制成的，并没有按照国家有关标准添加婴儿生长发育所必需的维生素和矿物质。因此劣质婴儿奶粉中蛋白质等营养素含量远远不足，甚至含有毒物质。

用这样的奶粉喂养婴儿，将会严重影响婴儿的生长发育。长期食用这样的奶粉，就会出现头大、水肿、低热的"大头婴儿"。

● 辨别方法

👁	看包装	消费者在选择时要特别关注保存期限和婴幼儿生产许可证编号；正规的婴幼儿奶粉厂家在包装上印有咨询热线、公司网址等服务信息，以方便消费者咨询，并帮助消费者正确喂养宝宝
	看标签	看包装上的标签标志是否齐全。按国家安全标准规定，在食品外包装上必须标明厂名、厂址、生产日期、保质期、执行标准、商标、净含量、配料表、营养成分表及食用方法等项目，若缺少上述任何一项最好不要购买

	看说明	婴儿配方奶粉标签上应标明"婴儿最理想的食品是母乳,在母乳不足或无母乳时可食用本产品"。适宜0～12个月婴儿食用的婴儿配方奶粉,须标明"6个月以上婴儿食用本产品时,应配合添加辅助食品"。较大婴儿配方奶粉,须标明"须配合添加辅助食品"。进口婴幼儿配方奶粉的标签应标注"原产国或地区""在中国依法登记注册的代理商、进口商或经销商的名称和地址"
	看蛋白质含量	优质婴幼儿配方奶粉必须满足宝宝每日营养需求,同时配方要达到或高于国家质量标准。以蛋白质为例,蛋白质是人体细胞的重要组成成分,如果蛋白质含量过低,会造成宝宝生长发育迟缓,身体器官发育不完善。根据国家安全标准:0～6个月婴幼儿奶粉的蛋白质含量必须达到12克/100克～18克/100克;6个月到3周岁婴幼儿奶粉的蛋白质含量必须达到15克/100克～25克/100克;婴幼儿奶粉中最优的蛋白质比例应该接近母乳水平,即乳清蛋白和酪蛋白的比例为3：2,更适合婴幼儿对蛋白质的消化吸收
	看许可证	2003年国家市场监督管理总局给正规奶粉厂家颁布了"全国工业产品生产许可证",只有获得许可证的厂家才有资格进行婴幼儿配方奶粉的生产

看国际认证	优质的婴幼儿奶粉质量管理应该与国际标准接轨，企业一般引入 ISO 9001 国际质量管理体系、ISO 14001 国际环境管理体系、HACCP 食品安全控制体系，实施采供、生产、物流一体化全过程质量控制，保证产品安全与卫生
看价格	根据国家安全标准：婴幼儿配方奶粉所含营养成分多、营养水平高，优质的婴幼儿奶粉还根据婴幼儿的生理特点适当添加国家规定的特殊配方营养素，如 DHA、核苷酸等，这样才能更好地满足婴幼儿营养需求。故而市场上销售的零售价格过低的婴幼儿奶粉，消费者在购买时应慎重考虑

婴儿米粉的选购：

1. 看品牌

尽量选择规模较大、产品质量和服务质量较好的品牌企业的产品。这些企业技术力量雄厚，产品配方设计较为科学、合理，对原材料的质量控制较严，生产设备先进，企业管理水平较高，产品质量较有保证。

2. 看标签

看包装上的标签标志是否齐全。按国家安全标准规定，在食品外包装上必须标明厂名、厂址、生产日期、保质期、执行标准、商标、净含量、配料表、营养成分表及食用方法等项目，若缺少上述任何一项最好不要购买。

3. 看营养成分

看营养成分表中标明的营养成分是否齐全，含量是否合理。营养成分表中一般要标明热量、蛋白质、脂肪、碳水化合物等基本营养成分，维生素类如维生素A、维生素D、部分B族维生素，微量元素如钙、铁、锌、磷，其他被添加的营养物质也要标明。

4. 看说明

国家安全标准规定，婴儿米粉应标示有"婴儿最理想的食品是母乳，在母乳不足或无母乳时可食用本产品；6个月以上婴儿食用本产品时，应配合添加辅助食品"。断奶期配方米粉，还应注明"断奶期配方食品"或"断奶期补充食品"等。这些声明是企业必须向消费者明示的内容。

5. 看色泽和气味

质量好的米粉应是大米的白色，均匀一致，有米粉的香味，无其他气味，如香精味等。

6. 看形态和冲调性

产品应为粉状或片状，干燥松散，均匀无结块。以适量的温开水冲泡或者煮熟后，经充分搅拌呈黏稠的糊状。

其他乳制品

1. 奶酪

牛奶经浓缩、发酵制成，蛋白质、脂肪、钙、磷的含量都比牛奶高，被称为"乳品中的黄金"。

根据水分的多少，奶酪分为新鲜奶酪和干奶酪，差别在于前者口感柔软，含水量高，脂肪和热量较少，钙含量相对较低。奶酪越干硬，钙的含量就越高，但脂肪含量也相应升高。

2. 奶油

将全脂鲜牛奶经离心搅拌器的搅拌，便可使奶中略呈黄白色的脂肪微粒分离出来，这就是奶油，也叫稀奶油。

市售鲜奶油有两种，一种是淡奶油，含脂肪比鲜牛奶的脂肪多5倍，常用它加在咖啡、红茶等饮料以及西餐红菜汤里，也用于制作巧克力糖、西式糕点及冰激凌等食品的制作，口感柔软，质量好的奶油冰激凌营养成分是牛奶的2.8倍。另外还有一种浓奶油，用打蛋器将它打松，可以在蛋糕上挤成奶油花。

3. 黄油

牛奶加热、分离、搅拌、加盐、去水就制成了黄油，不含乳糖和水，保存期长，如果采用半透明不透气包装，即使在热带气候下黄油也能在室温下储藏数月。

4. 炼乳

将鲜牛奶蒸发到原容量的2/5，再加入一定比例的糖灭菌装罐即成炼乳。人们经常用炼乳来佐餐，作为咖啡伴侣或其他食品的配料。

炼乳一般按是否加糖分为甜炼乳和淡炼乳。甜炼乳由于含有大量蔗糖，营养比率不平衡，碳水化合物比蛋白质、脂肪的含量都高。国产的炼乳多为甜炼乳，含糖为40%，长期食用易发胖。

● 辨别方法

之一：看外在

冷藏条件	在超市购买奶制品时一定要购买低温贮藏的产品。一般来说，贮藏奶制品的温度要低于10℃，在此温度下微生物生长速度受到抑制，同时更好地保持奶制品的质地均匀、爽滑。因此奶制品在储存、运输甚至饮用前全程必须保持冷藏状态，既能保存更多营养，又可以获得新鲜美味的口感和防止变质
生产日期	判别新鲜奶制品的最直接的办法是看产品是否离生产日期最近。随着存放时间的延长，产品口感和部分营养物质会受到光、热等因素影响。一般而言，新鲜奶制品（包括鲜奶和酸牛奶）的保存期都在30天以内
包装完整	合格奶制品包装完整，纸制包装整洁无污染，无胀袋、漏袋，或坏包、变形包；玻璃瓶包装无破损，无泄漏，马口铁罐无胖听、漏听。另外，包装上的标签内容齐全，符合国家安全标准

之二：测实体

👁	看形状	包装开封后仍保持原形，没有油外溢，表面光滑，这种奶制品质量较好；如果出现变形、油外溢、表面不平、偏斜和周围凹陷等情况，则为劣质奶制品
👁	比色泽	优质奶制品大多呈淡黄色，色泽明亮
👃	嗅气味	优质奶制品具有特殊的芳香；如果有酸味、臭味则为变质奶制品
✋	用刀切	优质奶制品用刀切时，切面光滑、不出水滴；否则为劣质奶制品

知 识 链 接

奶制品中有一种特殊产品——奶片，它保质期相对较长，是鲜牛奶制成奶粉后，在脱水工艺下加入某些凝固剂加工压制而成，也被称为干吃奶粉。它不同于传统饮用乳制品的习惯，不用冲泡或稀释，可以直接干吃或口含。

但奶片由于多种营养成分被破坏，乳清蛋白也发生了改变，所以其营养价值和吸收程度无法与鲜奶相比，也无法享受到真正牛奶的风味和质地。

另外，奶片食用千万不能过量，因为奶片在消化过程中，要融化在体内的水分中，如果过量食用，体内的水分被利用过多，容易造成脱水现象，反而对健康不利。

5. 冰激凌

冰激凌是一种冻结的乳制品，是以饮用水、乳品、蛋品、甜味料、食用油脂等为主要原料，加入适量的香料、稳定剂、着色剂、乳化剂等食品添加剂，经混合灭菌、均质、注模、冻结（或轻度凝冻）等工艺制成的带棒或不带棒的冷冻食品。冰激凌以其独特的美味及色泽风靡世界，是很好的夏季消暑冷食。

◆ 辨别方法

	看贮藏条件	要看冰激凌是否储放在 -18℃ 以下的冷冻柜中
	看包装	看包装物是否完整，若包装破损，即使是正规产品也可能已经遭到二次污染
◉	看标签	看标签内容是否齐全，是否标注生产厂家，最好选择名牌大企业的产品，质量相对有保证；要检查产品的有效日期是否在预计食用的日期之内，不要购买过期或快过期的产品；另外还要仔细看看固形物含量
	看品质	色泽均匀，组织细腻、乳化完全，形态完整，冻结紧固，紧密、柔软，且能持久不融，不可过硬或状如糨糊。无外来杂质、冰晶、空头、油点、杆棒整齐。如果产品变形，则有可能是在运输或储存过程中，由于温度过高致使产品融化后再次冷冻所致，这极可能造成微生物的繁殖而超标，且口感也变差

☠	闻气味	应具有浓郁的奶油味或该品种应有的香味, 无刺鼻及异味等
☟	尽快食用	从冰柜内取出后应尽量在20分钟内食用, 否则应冷冻储存。冰激凌融化后, 其中所含营养会有所损失, 造成体积减小, 水分也会由组织中分离出, 如果再经冷冻, 则会产生小冰点或冰块, 口感变差, 且易导致细菌滋生

国家安全标准

国家推荐性标准要求, 冰激凌的总固形物要大于30%。

安全提示

（1）食用冷食不宜过多过急。

（2）在剧烈运动后不宜食用冷食。

（3）婴儿忌食冷饮, 幼儿少吃冷食。

（4）患有胃炎、咽喉炎、支气管炎、糖尿病等疾病的人不宜食用冷食。

知识链接

许多无证摊点上的雪糕、刨冰、冰饮料中所用的冰是工业用冰, 带有大量细菌、致病菌和其他有毒物质, 加上销售者又未经健康检查, 食后极易造成食物中毒或其他病症的发生, 因此消费者切忌购买街头摊点的雪糕等冷食。

肉制品

冷冻生肉制品

辨别方法

👁	看标识	看是否有食品名称、配料表、生产日期、保质期、生产厂家、储存条件、食用方法等
	看日期	产品生产日期越近，越不易出现问题。
	看包装	包装袋上的结晶霜洁白发亮，食品冷冻坚硬，应该是保存良好的。同时还要注意，包装袋是否破损，包装袋破损的食品易被细菌污染
	看实体	如果袋内食品部分发白，多是由于温度变化太大，水分散失而造成的干燥；严重的变成焦黄色

安全提示

　　超市内冷冻食品大多数是开柜式经营，如果冷柜中食品的贮藏量超过了最大的装载量，或者头天的余货不放入封闭性能较好的冰柜中冷藏，那么柜中的冷冻食品就会难以达到冷冻所需的最低温度，极易发生变质。所以消费者在选购冷冻食品时需要看看柜中食品装载量，最好能从侧面询问销售人员余货保存方式。

知 识 链 接

冻肉化冻如采取自然解冻应在 4℃以下进行，但时间稍长，这种状况极易造成微生物污染，使解冻原料不够新鲜。微波解冻是较好的方式之一，时间短，避免了夏季可能发生的外表解冻已完毕，且温度已高，而内部尚未解冻的状况。

●选购冰鲜鸡

（1）看产品是否有冰鲜鸡肉标识，是否在冷柜内贮藏。

（2）选购有信誉的名牌产品。

（3）看产品肉质状态是否柔软有弹性，是否"冰手"。

安全辨析

柴鸡、半柴鸡与肉鸡

柴鸡：又分为放养鸡和圈养鸡两种，前者的饲养环境有较大的活动空间，后者则在饲料上有特定的谷物辅食。柴鸡肉质结实有韧性，体型较小，以 750 克到 1250 克为宜，鸡脚瘦长，嘴尖爪利，适合炖汤和长时间的烧煮。

半柴鸡：肉质有弹性，不像肉鸡那么松软，但又不像柴鸡那么硬，口感介于柴鸡和肉鸡之间，体重在 1500 ~ 2000 克之间，适合红烧，焖炒。半柴鸡与柴鸡的区别可从腿骨分辨，前者腿骨粗而长，而且乌黑，后者则瘦长。

肉鸡：价格便宜，肉质很松嫩，外观白皙肥硕，鸡腿短而肥，体重在 1750 ~ 2250 克之间，适用于油炸、烘烤、炒鸡丁、鸡块等烹调方式。

冰鲜鸡与冷冻鸡

冰鲜鸡：属于冷鲜肉类产品，对活禽及其屠宰加工过程的卫生操作、环境要求很高，短时间低温储存。冰鲜鸡肉较之"现宰活鸡"与"冻鸡肉"具有卫生安全、营养损失少、风味突出等食用特点。

冷冻鸡：因为已经做了冷冻处理，其新鲜程度不如冰鲜鸡肉，其口味和营养成分也受到影响，但只要是正规企业生产的合格产品，在保质期内其品质都不会有大问题。另外，消费者在食用过程中应注意，不要将冷冻鸡肉反复冻结、化冻，这会让细菌滋生，影响食用安全。

热鲜肉与冷鲜肉

热鲜肉：牲畜被宰杀后以最快的速度将肉分割出售。但是刚屠宰的牲畜胴体温度为 38℃，而这一温度恰好是酶类活性物质和微生物繁殖活动的适宜温度，牛羊胴体积存的乳酸等代谢废物也未及时排出。

冷鲜肉：在 2 ~ 4℃的条件下，经过 48 小时至 72 小时冷却排酸后的鲜肉制品。排酸后，牲畜胴体游离氨基酸增加、肌球蛋白发生溶解、结缔组织发生软化，使肉质柔软、多汁，从而增加了肉质的特殊风味和营养成分，也抑制了外表微生物的繁殖。

熟肉制品

熟肉制品是以畜禽肉为原料，经选料、修割、腌制、调味和填充（或成型）后再经酱卤、熏、烧、烤或蒸煮等工艺熟化（或不熟化），经包装而成的方便食品，除中式香肠外都可直接食用。目前市场上的熟肉制品品种繁多、花色满目，根据加工工艺和产品口味，行业将其分为腌腊制品、酱卤制品、熏烧烤制品、火腿制品、香肠制品、肉干制品、油炸制品、罐头制品和其他制品九大类。

● 辨别方法

总则

1. 看环境

一般来说，熟肉制品要储存在5℃以下，温度高，产品就容易变质。正规销售点的产品周转快，冷藏的硬件设施好，产品质量相对有保证。

2. 看包装

熟肉制品是直接入口的食品，绝对不能受到污染，因此包装产品要密封，无破损。

3. 看标签

规范企业生产的产品包装上应标明品名、厂名、厂址、生产日期、保质期、执行的产品标准、配料表、净含量等。大型企业或通过认证的企业管理规范，生产条件和设备好，生产的产品质量较稳定，安全有保证。

4. 看外观

各种口味的产品有它应有的色泽，不要挑选色泽太艳的产品，这些漂亮的颜色很可能是人为加入的人工合成色素或发色剂（如亚硝酸盐）。即使是在保质期内的产品，也应注意是否发生了霉变。

细分

1. 咸肉

（1）看外观

质量好的咸肉肉皮干硬，色苍白，无霉斑及黏液，脂肪色白或带微红、质硬，肌肉切面平整、有光泽、结构紧密而结实，呈鲜红或玫瑰红色且质地均匀，无霉斑，无虫蛀。变质的咸肉肉皮黏滑、质地松软、色泽不匀，脂肪呈灰白色或黄色，肌肉切面呈暗红色或灰绿色。

（2）闻气味

优质咸肉具有咸肉固有的咸香气味。变质咸肉脂肪有轻度酸腐味，骨周围组织稍有酸味，更为严重的有哈喇味及腐败臭味。

2. 腊肉

（1）色泽鉴别

质量好的腊肉色泽鲜明，肌肉呈鲜红色或暗红色，脂肪透明或呈乳白色；肉身干爽、结实，富有弹性，指压后无明显凹痕。变质的腊肉色泽灰暗无光，脂肪明显呈黄色，表面有霉点、霉斑，揩抹后仍有霉迹，肉身松软、无弹性，且表皮带黏液。

（2）气味鉴别

新鲜的腊肉具有固有的香味，而劣质品有明显酸腐味或其他异味。

3. 酱卤肉

优质的酱卤肉色泽新鲜，略带酱红色，有光泽，肉质切面整齐平滑，结构紧密结实，有弹性，有油光，具有酱卤熏的风味，无臭味或其他异味。

4. 烧烤肉

好的烧烤肉表面光滑，富有光泽，肌肉切面发光，呈微红色，脂肪呈浅乳白色（鸭、鹅肉脂肪呈淡黄色）。肌肉切面紧密，压之无血水，脂肪滑而脆，具有独到的烧烤风味，无臭味或其他异味。

5. 叉烧肉

富有光泽、肌肉结实紧绷、色泽新鲜、呈酱红色、肉香纯正者为上品。富有光泽、肌肉结实紧绷、色泽新鲜、呈酱红色、肉香纯正者为上品。

6. 火腿

在购买整只火腿时，要首先看看火腿有无霉斑、虫蛀，其次不要忘记闻闻火腿的香味是否纯正。

　　优质火腿的精肉呈玫瑰红色，脂肪呈白色、淡黄色或淡红色，有光泽，质地较坚实。

　　劣质火腿肌肉切面呈酱色，上有各色斑点，脂肪切面呈黄色或黄褐色，无光泽，组织状态疏松稀软，甚至呈黏糊状。

7. 香肠

　　要购买注明在 25℃ 条件下的保存期限。仔细观察肠衣是否完好，如果有破损、胀袋现象，请不要购买。

　　选购弹性好的产品，肉的比例大，蛋白质含量高，口味好。另外，香肠以品质论级定价，在产品的标签上会标出该产品的级别，消费者可以根据自己的情况选购：特级最好，含肉量较高，蛋白质含量较高，淀粉含量较低；优级次之，含肉量适中，蛋白质含量适中，淀粉含量适中；普通级更次之，含肉量很低，蛋白质含量很低，淀粉含量较高。

8. 肉干

　　各种口味的产品有它应有的色泽，不要挑选色彩太艳的产品，这些颜色很可能是人为加入过量的色素。选购时可从产品的配料表中判定产品是肉脯还是肉糜脯，配料表中如含有淀粉，则此产品为肉糜脯。也可从产品的外观形态上判断，肉脯产品表

面有明显的肌肉纹路；肉糜脯表面较光滑。

9. 肉罐头

（1）检查瓶贴和有效期

正规厂家生产的肉罐头瓶贴完整清晰，标有品名、厂名、厂址、成分、净重、食用方法、保质期，并在罐头的瓶底或盖上打有生产日期的钢印，超过保质期的肉罐头不能再食用。

如果发现瓶贴印刷质量差，字迹模糊不清，标注内容不全，未打生产日期钢印的则很可能是冒牌产品，质量很难保证。

（2）观察包装

正常的金属罐包装的产品，其表面应清洁无锈斑，底和盖的铁皮中心部分平整或稍有凹进，焊缝和底部卷边无损伤，封门严密不变形，无泄漏现象。

如发现金属罐的内、外壁或罐盖有因腐蚀引起的生锈现象，千万不要购买和食用。

（3）检查有无胖听、漏听现象

胖听、漏听是食品罐头变质的重要外部特征。胖听现象是罐头的底和盖的铁皮中心部分凸起，产生的原因是罐内的细菌繁殖，产生气体，罐内压力大于空气压力；漏听是指封口失灵，有泄漏现象的罐头。

检查漏听可用以下方法：①用手指关节敲击底、盖，声音清脆的质量正常，声音混浊、沙哑的是漏听；②看罐头底、盖，是否有液体流出；③挤压罐头的盖和底，如有液体溢出或挤压后不能恢复原状的，说明是漏听；④检查内容物的色泽、状态、气味。

质量好的罐头食品呈原料食品固有的自然、新鲜色泽，块形、大小基本一致，完整不松散。肉品、鱼品罐头的汤汁呈胶体凝固状，水果、蔬菜罐头汤汁透明清澈，除允许有极轻微的果肉碎屑沉淀外，无杂质、无悬浮物，气味纯正，无异味。

变质的食品罐头内容物松散不成形，块形大小不整齐，色泽灰暗不新鲜，肉品、鱼品罐头的汤汁不凝固，肉质液化，失去弹性；水果、蔬菜罐头汤汁混浊，有大量沉淀或悬浮物，气味不正，有酸味或苦味。

● 安全提示

1. 蛋白质变性

肉类金属罐头、肉类软罐头都采用 121℃的高温高压加热方式进行灭菌。肉制食品在受到高温加热时，特别是在 121℃下长时间受热时，蛋白质溶解度降低，同时黏度增加，结晶性破坏，蛋白质的分子结构改变，生物学活性丧失，易被蛋白酶分解，导致肉中含有的人体必需的氨基酸会遭到严重破坏，从而影响人体免疫系统功能。

2. 糖分含量高

很多水果类罐头为了改善口感，都在加工过程中添加了大量的糖。这些糖分被摄入人体后，可在短时间内导致血糖大幅度升高，长期大量食用对人体健康更加不利。

 蛋制品

松花蛋

松花蛋一般以鲜鸭蛋为原料,在蛋壳外涂上泥料,经过一段时间腌制而成。松花蛋中氨基酸的含量比新鲜鸭蛋高 11 倍,而且氨基酸的种类也比新鲜鸭蛋多。但要是买了劣质松花蛋,不但营养成分已被破坏,而且食用品质极差,甚至无法食用。

辨别方法

	掂	将松花蛋放在手掌中轻轻地掂一掂,品质好的松花蛋颤动大,无颤动松花蛋的品质较差
	摇	用手取松花蛋,放在耳朵旁边摇动,品质好的松花蛋无响声,质量差的则有声音,而且声音越大质量越差,甚至是坏(变质)蛋、臭(腐败)蛋
	看	剥除松花蛋外附的泥料,看其外壳,以蛋壳完整、呈灰白色、无黑斑点为上品;如果是裂纹蛋,在加工过程中往往有可能渗入过多的碱,从而影响蛋白的风味,同时细菌也可能从裂缝处侵入,使松花蛋变质

> 切
>
> 松花蛋若腌制合格，则蛋清明显弹性较大，呈茶褐色并有松枝花纹，蛋黄外围呈黑绿色或蓝黑色，中心则呈橘红色。这样的松花蛋切开后，蛋的断面色泽多样化，具有色、香、味、形俱佳的特点

● 安全提示

　　加工松花蛋时，要将纯碱、石灰、盐、黄丹粉按一定比例混合，再加上泥和糠裹在鸭蛋外面，两个星期后，美味可口的松花蛋就制成了。黄丹粉就是氧化铅，具有使蛋产生美丽花纹的作用。但用了黄丹粉，松花蛋就会受到铅的污染，经常食用会引起铅中毒，导致失明、贫血、好动、智力减退、缺钙。所以生活中大家要尽量选择无铅或低铅的松花蛋。

　　另外，松花蛋不宜存放在冰箱内。松花蛋用碱性物质浸泡，含大量水分，在冰箱内储存会逐渐结冰，改变松花蛋原有的风味。

● 国家安全标准

　　"无铅松花蛋"并不是说不含铅，而是指含铅量低于国家规定标准。根据国家标准规定，每 1000 克松花蛋铅含量不得超过 3 毫克，符合这一标准的松花蛋又叫无铅松花蛋。

咸蛋

咸蛋，又称盐鸭蛋，古称咸杬子，是一种风味特殊、食用方便的再制蛋。咸蛋的生产极为普遍，全国各地均有生产，尤以江苏高邮咸蛋最为著名，个头大且具有鲜、细、嫩、松、沙、油六大特点。

辨别方法

色泽鉴别

	良质咸蛋	包料完整无损，剥掉包料后或直接用盐水腌制的可见蛋壳亦完整无破损，无裂纹或霉斑；摇动时有轻度水荡漾感觉
	次质咸蛋	外观无显著变化或有轻微裂纹
	劣质咸蛋	隐约可见内容物呈黑色水样，蛋壳破损或有霉斑

灯光透照鉴别

	良质咸蛋	蛋黄凝结、呈橙黄色且靠近蛋壳，蛋清呈白色水样透明
	次质咸蛋	蛋清尚清晰透明，蛋黄凝结呈现黑色
	劣质咸蛋	蛋清混浊，蛋黄变黑，转动蛋时蛋黄黏滞；蛋质量更低劣者，蛋清蛋黄都发黑或全部溶解成水样

打开鉴别

👁	良质咸蛋	生蛋打开可见蛋清稀薄透明；蛋黄呈红色或淡红色，浓缩黏度增强，但不硬固；煮熟后打开，可见蛋清白嫩，蛋黄口味有细砂感，富于油脂；品尝则有咸蛋固有的香味
	次质咸蛋	生蛋打开后蛋清清晰或为白色水样；蛋黄发黑黏固，略有异味；煮熟后打开蛋清略带灰色，蛋黄变黑，有轻度异味
👁	劣质咸蛋	生蛋打开后蛋清混浊，蛋黄已大部分溶化，蛋清蛋黄全部呈黑色，有恶臭味；煮熟后打开，蛋清灰暗或黄色，蛋黄变黑或散成糊状，严重者全部呈黑色，有臭味

知识链接

卤制蛋，是用各种调料或肉汁加工而成的熟制蛋。如用五香卤料加工的蛋，叫五香卤蛋；用桂花卤料加工的蛋，叫桂花卤蛋；用鸡肉汁加工的蛋，叫鸡肉卤蛋；用猪肉汁加工的蛋，叫猪肉卤蛋；用卤蛋再进行熏烤出的蛋，叫熏卤蛋等。

购买时要看看存放卤制蛋的容器或塑料袋是否清洁卫生，另外标签上是否标示为当天加工的卤蛋，以保证卤蛋的品质。

水产及其制品

冰鲜水产品

● 辨别方法

👁	看	鱼体外表是否光亮、完整；鱼鳃是否鲜红；鱼肚是否有破裂
✋	摸	触摸鱼体，感觉是否有弹性，鱼鳞是否很容易剥落
💀	嗅	闻闻是否有一种新鲜的感觉，腥味较重或有其他异味的海产品鲜度往往有问题

知 识 链 接

水产、冰鲜水产与冷冻水产

水产：指供食用的海水或淡水的鱼类、甲壳类、贝类、软体动物和除水鸟及哺乳动物以外的其他水生动物。

冰鲜水产：冰鲜水产品只是将捕捞上来的水产品用冰降温保鲜，并没有冷冻，所以，手感一般是比较软的，不像冷冻水产品那么硬。

冷冻水产：指经处理后快速冻结，并在 -18℃或更低温度下储存的水产品（包括冷冻小包装）。这种方式容易改变水产品本身的组织结构和营养成分，肉质鲜度不如冰鲜水产品。

海带

　　人们日常食用的紫菜、海带、裙带菜、江蓠等都是海藻，都具有高蛋白、低脂肪、富含多种微量元素和维生素的优点，并具有一定的防病治病的保健功能。其中的大型褐藻类——海带最为普遍，其产品目前主要有三种：干海带、盐渍海带和速食海带。干海带是以鲜海带直接晒干或加盐处理后晒干的海带。盐渍海带是以新鲜海带为原料，经煮制、冷却、盐渍、脱水、切割（整理）等工序加工而成的海带制品。速食海带是以鲜海带或干海带为原料经洗刷、切割、烫(或熟化)、干燥制成的熟干品或调味熟干品。

● 辨别方法

如何选购干海带

👁	看表面	看是否有白色粉末状物质附着，因为海带中富含的碘和甘露醇（尤其是甘露醇）呈白色粉末状附在表面，不要将此粉末当作已霉变的劣质海带，没有任何白色粉末的海带反而质量较差
	看品质	观察海带，以叶宽厚、色浓绿或紫色略带微黄色、无枯叶或黄叶者为优质产品。另外，海带经加工捆绑后应无泥沙杂质，整洁干净无霉变，且手感不黏

● 安全提示

1. 合理浸泡

食用海带时从安全角度出发，清洗干净后，根据实际情况用水浸泡，

并不断换水，一般用清水浸泡 6 小时以上。但如果是质量能够保证的无公害海带，就不必费心了，因为浸泡时间过长，海带中的营养物质如水溶性维生素、碘、甘露醇、无机盐等也会溶解于水，营养价值就会降低。

2. 适量食用

海带是人们公认的营养物质，海带中含有的碘是人体不可缺少的微量元素。吃海带是人们补充碘的主要补充手段，但吃海带时一定要适量，不要把海带视为主菜天天吃，因为摄入过多的碘也会对身体健康产生影响。

3. 尽快食用

海带买回来后尽可能在短时间内食用掉，或拆封后应储存在保温条件良好的冷藏柜中，因为拆封后的海带在储存过程中由于不良的储存环境会随着营养成分的降解，微生物的繁殖，有害成分的增加等原因而变质。如果海带经水浸泡后像煮烂了一样没有韧性，说明已经变质，不能再食用。

饮品

矿泉水

　　矿泉水必须是经有关部门批准的,发源于地质上、物理状态上受保护的天然地下水, 以其富含独特矿物成分和微量元素而区别于其他类型的水。其装瓶后的水成分应与水源水成分一致, 天然矿泉水的溶解物应在标签上写明, 以毫克 / 升表示。

● 辨别方法

	看日期	矿泉水的保质期为一年, 没有生产日期或超过一年保质期的, 即使是真品也不能购买饮用
👁	查标签	矿泉水必须标明品名、产地、厂名、注册商标、生产日期、批号、容量、主要成分和含量、保质期等。假劣矿泉水,往往标识简单。如果标签破烂脏污、陈旧不清, 就可能是利用剩下的标识生产的假冒矿泉水, 不能购买
	看外观	瓶子应是全新无磨损的, 将瓶口向下不漏水, 略挤压也应不漏水, 否则就很可能是利用旧瓶灌装的假冒矿泉水。矿泉水在日光下应为无色、清澈透明、不含杂质, 无混浊或异物漂浮及沉淀现象

✋	验水面张力	矿泉水表面张力大，把水倒在杯子里，然后再把一枚硬币轻轻放在水面上，硬币可浮在矿泉水上，但不能浮在普通饮用水上
👄	试口感	矿泉水无异味，有的略甘甜；碳酸型矿泉水稍有苦涩感。冷开水假冒矿泉水，口感不好；自来水假冒矿泉水，会有漂白粉或"氯"味；用普通地下水假冒矿泉水，会有异味

国家安全标准

国家安全标准中规定的九项界限指标包括锂、锶、锌、硒、溴化物、碘化物、偏硅酸、游离二氧化碳和"溶解性总固体"，矿泉水中必须有一项或一项以上达到界限指标的要求，其要求含量分别为：

锂、锌、碘化物均大于等于 0.2 毫克/升，硒大于等于 0.01 毫克/升，溴化物大于等于 1.0 毫克/升，偏硅酸大于等于 25 毫克/升，游离二氧化碳大于等于 250 毫克/升，"溶解性总固体"大于等于 1000 毫克/升。

市场上大部分矿泉水属于锶（Sr）型和偏硅酸型。

安全提示

用餐时最好不要用水或饮料送饭，这样会减少食物在口腔内的停留时间，使食物得不到充分咀嚼。这不仅影响食欲，还会影响食物消化，使胃内产生气体。久而久之，容易导致慢性食管炎、慢性胃炎等疾病。

纯净水

　　矿泉水必须是经有关部门批准的，发源于地质上、物理状态上受保护的天然地下水，以其富含独特矿物成分和微量元素而区别于其他类型的水。其装瓶后的水成分应与水源水成分一致，天然矿泉水的溶解物应在标签上写明，以毫克／升表示。

● **辨别方法**

选购桶装水

- 生产 1 吨纯净水需要 4 吨自来水，一桶水的成本大约为 8 元，再加上送水费和利润，一桶水的售价在 10 ～ 14 元之间较为适当，如果过低，质量难有保证，过高，则有暴利之嫌
- 让送水人员出示饮用水的检验报告复印件、食品卫生许可证复印件。正规厂家的送水员一般都采用统一着装，有工作牌，进入客户环境时配备擦拭饮水机水口的消毒纸巾等，更有些负责的厂家每隔一段时间还会有工作人员上门负责清洗饮水机
- 要选择外包装上标明卫生许可证号、生产许可证号、设备评价证号和生产日期、保质期的产品。再看看水的透明度，至少其中应无染物悬浮
- 如果消费者打算长期饮用一种品牌的水，不妨亲自去水厂看一看实际生产规模和条件，如果推销员一味回避这个问题，就足以让人明白这个水厂不具备应有的生产条件

选购瓶装水

- 瓶盖与瓶嘴连接紧密，倒置手压不漏水，摇动后对着亮处观察瓶中水无异物
- 标签印制精良，并且与瓶子贴合紧密，不松动
- 瓶身或瓶盖大多数有高精度"喷码"的出厂日期和防伪标记；有的未采用"喷码"技术，但生产日期标注规范
- 标注清晰，标签与包装箱标注内容一致，瓶标上标明有产品名称、执行标准、批准号、净含量、矿物质含量、保质期、生产日期、厂名、厂址、生产厂家详细通信地址、电话等

国家安全标准

纯净水的纯度如何，通常是以电导率高低判定，电导率高说明水中无机盐未除干净，达不到纯水要求，不能称其为纯水。北京地方标准是电导率≤8微西门子/厘米，微生物指标要求菌落总数小于等于20个/毫升。

知识链接

过量饮用不利健康的饮料

●咖啡、可乐

咖啡和可乐都含咖啡因，这是一种刺激中枢神经兴奋的物质。成年人对咖啡因排泄较快，适量饮用不致发生不良后果。但幼儿对咖啡因特别敏感，容易出现不良反应，如烦躁不安、呼吸加快、呕吐等。

果汁饮料

　　果汁饮料可分为原果汁、浓缩果汁、原果浆、水果汁、果肉果汁、高糖果汁、果粒果汁和果汁8种。软饮料标准规定，果汁饮料的命名一定要和原果汁含量相符。果汁富含维生素和矿物质，某些成分具有清除自由基反应的作用及生理意义，具有一定的营养保健功能。

● 辨别方法

选购果汁饮料		
👁	看包装	瓶装或罐装饮料的瓶口、瓶体不能有渍痕和污物，软包装饮料手捏不变形。同时瓶盖、罐身、包装袋等不得凸起、胀大
	看内容物	凡不带果肉的透明型饮料，应清澈透明，无任何漂浮物和沉淀物； 　　不带果肉且不透明型饮料，应均匀一致，不分层，不得产生混浊； 　　果肉型饮料，可见不规则的细微果肉，允许有沉淀
👄	口尝	根据标签上标注的原果汁含量判断饮料和名称是否一致

选购原果汁

👁	看色泽	100% 果汁应具有近似新鲜水果的色泽，可以将瓶子对着光看，如果内容物颜色特深，说明其中的色素过多，是加入了人工添加剂的伪劣品。若瓶底有杂质则说明该饮料是假冒伪劣产品或已经变质，不能饮用
👃	嗅气味	开盖后，100% 果汁具有水果的清香；伪劣的果汁产品闻起来有酸味和涩味
👅	尝味道	100% 果汁入口后应该是新鲜水果的原味，入口酸甜适宜（橙汁入口偏酸），劣质品往往入口不自然，甚至难以下咽

🔘 安全提示

1. 看清果汁成分

果汁饮料易被细菌污染，产酸、产气或只产酸不产气，导致口味变差，故一般都要添加防腐剂如山梨酸（钠、钾）或苯甲酸（钠），有些厂家不注明防腐剂，使消费者误认为是有机酸或钠盐、钾盐。消费者在购买时要注意看清果汁成分。

2. 特殊人群

除 100% 原果汁外，一般果汁饮料都要加糖、食用色素、香料和防腐剂，所以日常生活中不能用其代替水果和水，特别是儿童，如果大量饮用这些饮料，会抑制食欲或过多摄入糖分，导致肥胖。另外糖尿病患者必须注意含糖量。

碳酸饮料

碳酸饮料俗称汽水，是充入二氧化碳的一种软饮料，种类很多。

1. 果汁型碳酸饮料

是在产品中添加一定量的原果汁（不低于 2.5% 的比例）的碳酸饮料。这类汽水因为添加了一定量的原果汁，除了具有相应水果所特有的色、香、味之外，还有较高的营养成分。

2. 果味型碳酸饮料

以食用香精为主要"赋香剂"、原果汁含量低于 2.5% 的碳酸饮料，色泽鲜艳，清凉爽口。

3. 可乐型碳酸饮料

特指含有焦糖色、可乐香精，或类似可乐和水果香型的辛香、果香混合剂的碳酸饮料。香气协调柔和，味感纯正，清凉爽口。由于味道独特且含有咖啡因，所以具有提神作用。

4. 低热量碳酸饮料

是以甜味剂全部或部分代替糖类的各型碳酸饮料和苏打水，其热量不高于 75 千焦 /100 毫升。香气较柔和，味感纯正，爽口，有清凉感。

5. 电解质碳酸饮料

含有植物油提取物或以非果香型的食用香精为"赋

香剂"，以补充人体运动后失去的电解质、能量等的碳酸饮料。

辨别方法

	看标签	最好到正规销售渠道购买知名品牌的产品，并看清标签标注的生产日期、保质期、厂名、厂址等是否齐全，配料表中配料成分是否符合标准要求，产品类别是否适合自己需要的品牌和类型
◉	分种类	果汁型碳酸饮料有一定的营养成分，特别适合青少年和儿童饮用；低热量碳酸饮料因糖分低、热量值低，很适合糖尿病患者等对糖及热量摄入有特殊要求的人群；运动饮料适合从事体育锻炼和体力劳动等生理和特殊营养需求的人群
	选包装	购买时尽量选择罐体坚硬不易变形的产品，并依据需要选择大小不同包装的产品。如果大包装的饮料一次饮用不完，其中二氧化碳在存放的过程逸出，再次饮用会影响口感

茶饮料

饮茶在我国具有悠久的历史，茶中含有较多的酚类化合物，有利于补充水分，消暑解渴，提神醒脑，消除疲劳感，还能降血脂。茶饮料是以茶叶的水提取液或其浓缩液，或"速溶茶粉"为原料，经加工、调配（或不调配）等工序制成的饮料，除具有茶的固有特点，更因添加了许多其他有益成分而更加可口，更加有营养。茶饮料按原料茶叶的类型可分为红茶饮料、乌龙茶饮料、绿茶饮料和花茶饮料；按其原辅料不同分为茶汤饮料和调味茶饮料。茶汤饮料又分为浓茶型和淡茶型；调味茶饮料还可分为果味茶饮料、果汁茶饮料、碳酸茶饮料、奶味茶饮料及其他茶饮料。

● 辨别方法

◉ 验包装

最好到正规的商店购买知名品牌的产品。真品茶饮料包装精美，印刷清晰，包装上的套色自然，瓶盖上的防滑齿纹无磨损现象，瓶身无明显的磨损和变形，且呈透明状。假冒的茶饮料往往采用回收的废瓶，因此瓶盖和瓶身有磨损现象

	查标签	茶饮料的标签应标明产品名称、产品类型、净含量、配料表、制造者（或经销者）的名称和地址、产品标准号、生产日期、保质期 另外，茶汤饮料应标明"无糖"或"低糖"；花茶应标明茶坯类型；淡（浓）茶型饮料应标明"淡（浓）茶型"；果汁茶饮料应标明果汁含量；奶味茶饮料应标明蛋白质含量
	看颜色	茶饮料一般有绿茶、红茶、乌龙茶等，所以茶饮料常见的颜色有绿色、红褐色两种。选购时一定要看茶饮料的颜色是否自然，若颜色太深或太浅，很有可能是假冒产品
	观液体	饮用时观察无肉眼可见的杂质，液体透明，允许稍有沉淀，具有原茶类应有的色泽，具有该品种特有的香气和味道
	尝味道	真品茶饮料口味纯正，带有茶的清香味，略有甜味，无杂质或沉淀物。假冒的茶饮料茶味较淡，甜味较浓，口味不纯正，喝完后，口中有黏糊糊的感觉

◗ 安全提示

茶汤型饮料作为纯天然的绿色饮品，有低糖或无糖的特点，尤其适合糖尿病患者等特殊人群饮用。调味茶饮料含糖量相对较高，需要低糖摄入的人群对此要有选择地适量饮用。

白酒

● 辨别方法

选购白酒的注意事项

看瓶型	许多名牌白酒都有独具特色的瓶型。假酒的瓶型高低粗细不等，外包装陈旧甚至脏污，封口不严或"压齿"不整齐
看印刷	好的白酒其标签的印刷是十分讲究的。纸质精良白净、字体规范清晰，色泽鲜艳均匀，图案套色准确，油墨线条不重叠，如有英文或拼音字母，则大小规范一致。上述特点中有一点不具备，就可断定是假酒、劣酒。此外，现在很多品牌白酒在包装盒或瓶盖上使用激光全息防伪标志，从不同的角度观察会呈现不同的色泽，而且只能一次性使用，稍有损坏就不能复原。假酒的商标标识粗糙，色泽不正，图案模糊不清，与真正名牌酒商标标识外观有明显区别
看瓶盖	目前我国有17种国家公布、认可的名牌白酒，其瓶盖大都使用铝质金属防盗盖，特点是盖光滑，形状统一，开启方便，盖上图案及文字整齐清楚，对口严密，有的瓶盖还用塑料膜包裹，其包装十分紧密，无松软现象。若是假冒产品，倒过来时往往容易滴漏，盖不易开启，而且盖上图案、文字不清

看酒质	●将酒瓶倒置，察看瓶中酒花的变化，若酒花密集上浮，而且立即消失，并有明显的不均匀分布，酒液混浊，即为劣质酒；若酒花分布均匀，上浮密度间隙明显，且缓慢消失，酒液清澈，则为优质酒 ●把酒瓶拿在手中慢慢地倒置过来，对光观察瓶的底部，如有下沉物质或云雾状悬浮物，说明酒里杂质较多；反之则说明酒的质量相对比较好 ●摇动酒瓶，如出现小米粒到高粱粒大的酒花，且持续时间在 15 秒左右，那么酒的度数大约为 53° ~ 55°；如酒花有高粱粒大小，持续时间在 7 秒左右，酒的度数约 57° ~ 60°；如酒花有玉米粒大小，持续时间在 3 秒左右，酒的度数约 65°
闻香味	饮用白酒前可以再做一做鉴定，倒少量酒在手心，用两手摩擦一会儿，然后闻其香味。一般白酒要具有本产品所特有的明显溢香和较好的喷香以及留香，不应有异味如焦煳味、腐臭味、酒糟味、泥土味等不良气味

白酒的五种香型

●清香型：清香纯正，酸甜柔和，香气谐调，余味爽净（即清、甜、爽、净）。它的代表是山西杏花村的汾酒
●浓香型：窖香浓郁，香气谐调，余味爽净，有余香悠长的独特风格。也称"窖香型"或"泸香型"，主要以四川五粮液和泸州老窖特曲为代表

- 酱香型：酒气香而不艳，低而不淡，酱香独特，幽雅细腻，酒体醇厚丰满，回味悠长，饮后空杯隔日留香。也称"茅台型"，主要以贵州茅台和四川郎酒为代表
- 米香型：米香清雅，落口绵柔，回味怡畅。也称"小曲米香型"，代表酒有广西桂林的三花酒和全州的湘山酒
- 复香型：具有两种香型酒混合香气的白酒，包括兼香型（浓香与酱香型兼而有之）、芝麻香型、豉香型等。特点是芳香幽雅，酱浓协和，余味悠长。主要代表是陕西西凤酒、贵州董酒

安全提示

适量饮酒，佐餐助兴，还具有疏通经络、消除疲劳、祛湿驱寒的功效，有利身体健康。但是过量饮酒会引起酒精中毒，如果长期大量饮酒更是后患无穷。

1. 影响营养吸收

如果一次性饮酒过量或时间过长，可造成胃肠道吸收不良，影响叶酸、B族维生素的吸收和维生素A的代谢，还可阻碍胰腺酶的分泌，影响脂肪、蛋白质、糖的消化吸收。

2. 引发肝硬化

长期过量饮酒，会引发脂肪肝，甚至导致酒精中毒性肝硬化。

3. 诱发致癌物质

长期大量饮酒可能造成消化道、呼吸道的癌症。

啤酒

• **辨别方法**

查日期	啤酒的保质期一般为 3 ~ 6 个月，选购时要看清出厂日期，看是否在保质期内。瓶装啤酒商标边缘印有两组数字：一组为 1 ~ 12，表示月份；另一组为 1 ~ 31，表示日期。某月某日生产，即在相应的月、日数字上划一个小口或染上颜色
看密封	购买啤酒时应注意瓶盖是否严密，可倒转瓶体，如瓶口冒出气泡甚至漏出液体，说明瓶盖不严
观色泽	市场上常见的啤酒有三种颜色，即浅黄色、黄色和黑色。在无色透明的玻璃杯里，浅黄色啤酒应呈现微带青色的金黄色，不能呈现暗褐色；黄色啤酒应呈现淡黄色或淡黄带绿色，不能呈现暗褐色；黑啤酒呈黑红或黑棕色，不能是浅红或棕色。不论哪种啤酒，都要求酒液清亮透明，不能有悬浮物或沉淀物。如果有棉絮状混浊蛋白质沉淀物，说明啤酒超过保存日期，或保管不当导致漏气氧化，或者干脆就是伪劣产品
看泡沫	把啤酒徐徐倒入洁净的玻璃杯，泡沫立即冒起，洁白、细腻、均匀，保持时间在 4 分钟以上，并有泡沫"挂杯"现象者为佳品。如泡沫粗大带微黄，消散快，泡沫没有"挂杯"现象者为劣品

👃	闻香气	啤酒是由啤酒花和大麦酿造的，因此质量好的啤酒，可闻到浓郁的啤酒花幽香和麦芽的芳香。如香气淡薄、有腥气或其他气味的为次品
👄	品味道	喝上一大口，感觉清凉"杀口"，有明显而谐调的啤酒花味，咽下后口腔没有余留苦味，属于好酒。如果口味平淡或带有酸味、涩味、酵母味等，说明其质量低劣，不宜饮用

● 安全提示

（1）要购买 B 瓶的啤酒，就是在啤酒瓶底以上20 毫米范围内打有专用标记 B，并有企业标记、生产的年份等标识。

（2）购买时还应注意索要发票，以便必要时作为索赔的依据。

（3）不购买、不饮用被捆扎的瓶装啤酒。

（4）瓶装啤酒避免在阳光下暴晒或放置在高温处储存，移动时应平稳，轻拿轻放。

（5）不要让未成年人购买或开启瓶装啤酒。

（6）要先使啤酒稳定几分钟后再开瓶；要用启盖器慢慢启开，不要用牙、筷子、桌角、膝盖等开瓶。

（7）啤酒应低温储存，不要急冷急冻。

葡萄酒

● 辨别方法

1. 解读酒标

按国家有关规定，葡萄酒必须在酒标上注明产品的名称、配料表、净含量、纯汁含量、酒精度、糖度、厂名、厂址、生产日期、保质期、产品标准代号等内容，如有标注不全的则是假冒伪劣产品。

2. 鉴别酒液

将酒倒入杯中，用肉眼观察是否有混浊或沉淀：如发现混浊沉淀物为胶体状，可能是果胶物质；如混浊沉淀物为带有泡沫的胶体状，可能是酒被生物污染所致；如沉淀物为沉于瓶底的无定形物，可能是因过滤不严格，杂质漏入酒瓶中所致。

3. 区分观察

葡萄酒是果酒类中最大宗的品种，属于国际性饮料酒。它的种类很多，按色泽可分类如下：

（1）白葡萄酒：色：应有近似无色、浅黄带绿、浅黄、禾秆黄、金黄色等，酒液澄清透明。气：具有清雅、

芬芳、和谐的醇美香气。味：具有洁净、酸甜、干爽的纯正口味。

（2）红葡萄酒：色：应有宝石红色、紫红色、石榴红色等，酒液澄清透明。气：具有浓郁、芬芳、协调的醇和香气。味：具有浓而不烈、柔和丰满、层次丰富的完美口感，没有涩、燥、辣舌、刺喉感。

（3）淡红葡萄酒：介于白、红葡萄酒之间，大致有淡红、桃红、橘红几种颜色，这类葡萄酒在风味上具有新鲜感和明显的果香。

● 安全辨析

半汁酒与全汁酒

"半汁葡萄酒"产生于中国20世纪60年代初期，即新中国最困难的三年自然灾害时期。那时的葡萄酒厂为了自己的生存，开发了适应当时需要的30%汁葡萄酒。这种产品，由于原汁含量低，降低了成本，价格便宜。当时的消费者喝这种酒，不但过酒瘾，还能吸收糖分（甜型葡萄酒，含糖量在12%以上）获得热源，有充饥的作用。另外当时酿酒葡萄种植面积有限，要全部生产全汁葡萄酒，产量太少，而生产一部分30%汁或50%汁的葡萄酒，扩大了葡萄酒的社会产量。

三年自然灾害过后，在很长一段时间里，人们仍然过着低水平的温饱生活，"半汁葡萄酒"仍然有很大的市场需求。久之，人们竟然习以为常，以讹传讹，认为"半汁葡萄酒"即是正宗葡萄酒。其实不然。2003 年 3 月 17 日，国家经贸委正式批准废止"半汁葡萄酒"行业标准，新的《葡萄酒生产管理办法》中规定，凡是掺水的葡萄酒，不得叫葡萄酒。也就是说现在销售的葡萄酒，葡萄汁含量必须是 100%，即"全汁葡萄酒"。

安全提示

一些所谓"干红葡萄酒"实际上是用色素、香精、糖精、酒精加水勾兑而成的，有的甚至加入过量酸和防腐剂，这些酒没有正宗葡萄酒的口感和营养，而且摄入过量色素、香精、糖精等也会对人体健康造成危害。

取一张干净的白色餐巾纸铺在桌面上，把装有"干红葡萄酒"的酒瓶晃动几下，然后将酒少许倒在纸面上，如果倒在纸面上的酒的红颜色不能均匀地分布在纸面上，或者纸面上出现了沉淀物，那么所谓的"干红葡萄酒"就是"色素葡萄酒"。

安全误区

1. 葡萄酒贮藏很随便

葡萄酒的贮藏对温度要求十分严格，持续高温或温度经常变化都会使酒的品质变坏。在干燥的气候里，如果酒瓶竖放，酒液接触不到木塞就会导致木塞干缩，空气进到酒瓶里，导致葡萄酒被氧化。

2. 已开瓶的葡萄酒还能多放几天

葡萄酒瓶的木塞一旦被开启，酒会迅速和空气发生氧化反应，酒的品质会明显下降。葡萄酒如果不能一次喝完，应尽快塞回木塞将酒冷藏；白葡萄酒可以放两天左右，红葡萄酒可略多存放一两天。

3. 只喝红葡萄酒

其实白葡萄酒更适合于初次饮用葡萄酒的人的口味，特别是搭配一桌丰富多样的中式大餐，不大会出错；而红葡萄酒遇到甜味、辣味、原味海鲜的菜是很难配的。另外，白葡萄酒里有人体必需的 8 种氨基酸，配菜的时候白葡萄酒中的"酸"能分解蛋白，令人胃口大开。

4. 年份越老酒越好

世界上绝大多数葡萄酒都是在 2～3 年内喝掉的，真正能陈放 10 年的酒很少，国内目前这样的老酒更少。

葡萄酒的保存：

（1）酒瓶必需斜放、横放或者倒位，使酒液与软木塞接触，以保持软木塞湿润。

（2）避免强光（包括太阳光及强烈光线）。

（3）保存的湿度最好在 60%～80%，但湿度超过 75% 时酒标容易发霉。

（4）避免与异味、难闻的物品放在一起，以免葡萄酒吸入异味。

其他果酒

果酒是利用新鲜水果为原料，在保存水果原有营养成分的情况下，利用自然发酵或人工添加酵母菌来分解糖分而制造出的具有保健、营养型酒。

● 辨别方法

<table>
<tr><td rowspan="3"></td><td>看色泽</td><td>果酒的色泽要具有果汁本身特有色素，如苹果酒以黄中带绿为好；梨汁酒以金黄色为佳。好的果酒，酒液应该是清亮、透明、没有沉淀物和悬浮物，给人一种清澈感</td></tr>
<tr><td>闻香气</td><td>各种果酒应该有自身独特的芳香，陈酒还应具有浓郁的酒香，而且一般都是果香与酒香混为一体。酒香越丰富，酒的品质越好</td></tr>
<tr><td>品酒液</td><td>应酸甜适口、醇厚纯净而无异味，甜型酒应甜而不腻，平型酒要干而不涩，不得有突出的酒精味道</td></tr>
</table>

知 识 链 接

其他酒的特点

1.黄酒

颜色浅黄或金黄，清澈透明，光泽明亮，无浮悬物，无混浊，具有黄酒特有的入口清爽、鲜甜甘美、柔和的口感，并且无刺激性，无辛辣、酸涩等异味。

2. 配制酒

清亮透明，无浮悬物和沉淀物。色调柔和，日晒后不发生褪色、变色现象；有使人愉快、舒畅的香气，闻后能识别品种；酒精含量适中，酒味柔和，无怪味，无刺激性。

3. 汽酒

一种含有大量二氧化碳的果酒。好的汽酒泡沫应该均细而滋滋作响，酒液散发着水果清香，喝到嘴里可以隐约品出新鲜水果的味道，清凉爽口。

果酒的营养价值

果酒清亮透明、酸甜适口、醇厚纯净而无异味。具有原果实特有的芳香。与白酒、啤酒等其他酒类相比，果酒的营养价值更高，果酒里含有大量的多酚。可以起到抑制脂肪在人体中堆积的作用，它含有人体所需多种氨基酸和维生素 B_1、维生素 B_2、维生素 C 及铁、钾、镁、锌等矿物元素，果酒中虽然含有酒精，但含量非常低，一般为 5 ~ 10 度，最高也只有 14 度，适当饮用果酒对健康是有好处的。饮用果酒时不宜空腹，更不要搭配其他酒同饮。最好的做法是搭配一些苏打饼干或者蔬菜沙拉，一方面符合果酒的口感，另一方面，此类点心和蔬菜中的纤维可以提前保护胃黏膜免受刺激，减缓酒精的吸收速度。还可以起到缓解压力、稳定情绪的作用。

茶叶

1. 红茶类

红茶品质特征是红叶、红茶汤，香甜味醇。红茶按制作工艺的不同可分为小种红茶、工夫红茶和红碎茶。

2. 绿茶类

绿茶品质特征是干茶外观翠绿，汤色碧绿，叶底嫩绿。绿茶根据干燥的方法不同分为炒青、烘青和晒青。

3. 青茶（乌龙茶）类

乌龙茶兼具红、绿茶的品质特征，汤色金黄，香气滋味既有绿茶的鲜浓又有红茶的甘醇，叶底为绿叶红镶边。

4. 花茶类

花茶是我国的特产。花茶是用绿茶、红茶等茶坯与香花合并窨制而成，用于窨花的茶坯以绿茶中的烘青最多，其次是毛峰、大方、龙井等，另外红茶和青茶也有少数用于窨制花茶，用于窨花的香花有茉莉花、玉兰花、珠兰花、柚子花等。花茶与茶坯相比，外形一样，叶底和汤色色度有所加深。主要不同是香气，其次是滋味。高级花茶香气鲜灵，浓郁清高，汤色清澈、淡黄、明亮，滋味浓厚、爽醇，叶底细嫩、匀净、明亮。

● **辨别方法**

识别茶叶的优劣

1. 外形

（1）条索：条形茶的外形叫条索。以紧而细、圆而直、匀、齐、身骨重实的为好；粗而松、弯而曲、杂、碎、松散的为差。

（2）嫩度：茶叶的嫩度，主要是看芽头的多少、叶质的老嫩和条索的润燥，还要看锋苗（用嫩叶制成的细而有尖峰的条索）的比例。红茶以芽头多、有锋苗、叶质细嫩为好；绿茶的炒青以锋苗多、叶质细嫩、身骨重实为好；烘青则以"芽毫"多、叶质细嫩为好。粗而松、叶质老、身骨轻软的为较次。

（3）色泽：看茶叶的颜色和光泽。红茶的色泽有乌润、褐、灰枯的不同；绿茶的色泽有嫩绿或翠绿、洋绿、青绿、青黄，以及光润和干枯的不同。红茶以乌润为好，绿茶以嫩绿、光润为好。

（4）净度：主要看茶叶中是否含梗、末、其他非茶类的杂屑，以无梗、末和杂屑的为好。

（5）气味：嗅嗅茶叶的香气是否正常，是否有烟、焦、霉、馊、酸味或其他不正常的气味。

2. 内质

内质审评包括评定香气、滋味、汤色和叶底。取一小撮茶叶（3～5克），放入容量为150毫升的茶杯中，用开水冲泡，并盖上杯盖。5 分钟后，打开杯盖：

（1）香气：用嗅觉来审评香气是否纯正和持久。可反复多嗅几次，以辨别香气的高低、强弱和持久度，以及是否有烟、焦、霉味或其他异味。

（2）汤色：茶叶内含物被开水冲泡出的汁液所呈现的色泽叫汤色。汤色有深与浅、明与暗、清与浊之分。以汤色明亮、纯净透明、无混杂的为好；汤色灰暗、混浊者为差。红茶以红艳明亮为优，绿茶以嫩绿色为上品。

（3）滋味：茶叶经沸水冲泡后，大部分可溶性有效成分都进入茶汤，形成一定的滋味，滋味在茶汤温度降至 50℃左右时为最好。品尝时，含少量茶汤，用舌头细细品味，从而辨别出滋味的浓淡、强弱、爽醇或苦涩等。

（4）叶底：观察杯中经冲泡后的茶叶的嫩度、色泽和匀度。还可以用手指按压，判断它软硬、厚薄和老嫩的程度。

3. 识别茶叶的新陈

（1）一观：新茶外形新鲜，条索匀称而疏松；旧茶外形灰暗，条索杂乱而干硬。

（2）二感：新茶手感干燥，若用拇指与示指一捏，或放在手心一捻，即成粉末；旧茶手感松软、潮湿，一般不易碎。

（3）三泡：经沸水冲泡后，新茶清香扑鼻。芽叶舒展，汤色澄清，刚冲泡时色泽碧绿，而后慢慢转微黄，饮后感觉爽而醇；旧茶香气低沉，芽叶萎缩，汤色灰暗，刚冲泡时色泽有点儿暗黄，即使保管较好的陈茶，开始汤色虽稍好一些，但很快就转混浊暗黄，饮后不仅无清香醇和之感，甚至还会带有轻微的异味。

● 国家安全标准

茶叶的代号一般情况下是前边一个汉字，后面有4～6个阿拉伯数字

（1）花茶代号为汉字后面5位阿拉伯数字。其中汉字是茶厂的代号，第一位数字代表生产年度，第二位数字代表花香，第三位数字表示茶叶的等级，后两位数字代表生产的批次。

第二位数字花香的含义如下：1是茉莉花茶；2是玉兰花茶；3是珠兰花茶；4是柚花茶；5是玳玳花茶；6是栀子花茶；7是秀英花茶；8是木兰花茶；9是桂兰花茶。

（2）内销红茶汉字后面是4位阿拉伯数字；外销红碎茶汉字后面是6位阿拉伯数字；绿茶代号是汉字后面4位阿拉伯数字。

知 识 链 接

饮茶六忌

1. 忌过浓　　　　　2. 忌过夜
3. 忌冷饮　　　　　4. 忌送药
5. 忌空腹　　　　　6. 忌饭后

蜂蜜

● 辨别方法

◉	选购瓶装蜜	消费者最好到正规的商店购买经过检验合格的瓶装蜂蜜，不要随意到小摊上购买，以免买到掺假蜂蜜。一定要选购名牌瓶装蜜。购买时要注意标签上有无厂名、厂址、卫生许可证号、生产日期、保质期、产品质量代号等相关内容
	从颜色看质地	由于蜜源不同，蜂蜜的颜色也不尽相同。一般来说，深色蜂蜜所含的矿物质比浅色蜂蜜丰富。如果想补充微量元素，可以适当选择深色蜂蜜，如枣花蜜。质量好的蜂蜜，质地细腻，颜色光亮；质量差的蜂蜜通常混浊，且光泽度差
	视个人口味购买	由于蜜源品种不同，蜂蜜的口味也不尽相同。一般来说，颜色越浅淡，味道越清香。"口轻"的人可选购槐花蜜、芝麻蜜、棉花蜜；"口重"者可选购枣花蜜、椴树蜜、紫穗槐蜜
	看黏稠度	纯蜂蜜较浓稠，用一根筷子插入其中提出后可见到蜜丝拉得长，断丝时回缩呈珠状；如蜂蜜含水量高，断丝时无缩珠状或无拉丝出现。此外，也可把盛在玻璃瓶里的蜂蜜摇晃几下，然后倒转瓶子，看蜂蜜在瓶壁上是否有"挂壁"现象，且"挂壁"时间越长，说明蜂蜜的黏稠度越大，证明蜂蜜质量越好

手摸	如为玻璃瓶瓶装蜜，直接观看，就可发现杂质存在的情况，应挑选清净无杂质的蜂蜜。蜂蜜中如有杂质存在，会对蜂蜜的品质起到一定的影响

识别掺假蜂蜜

1. 看

　　纯正的蜂蜜是浓厚、黏稠的胶状液体，呈乳白色，光亮润泽，其结晶体的透明度差，结晶层次较松软，用手捻无沙粒感；而加了白糖的蜂蜜用手捻则有沙粒感。

2. 尝

　　纯正的蜂蜜结晶入口会很快溶化，有较浓的花香味；掺假的蜂蜜结晶入口不易溶化，口感甜度差，气味不纯且有异味。

3. 搅拌

　　用洁净的筷子在蜂蜜中用劲搅几圈，提起筷子在光亮处可观察到纯正的蜂蜜光亮透明，而掺假的蜂蜜混浊不清。

4. 渗透

　　纯正的蜂蜜滴在白纸上不易渗出，而掺水的蜂蜜则会逐渐渗开。

藕粉

辨别方法

👁	看色	纯藕粉含有多量的铁质和还原糖等成分，与空气接触，极易氧化，使粉的颜色由白而转微红；其他淀粉（如甘薯、马铃薯和荸荠、葛根等淀粉）做成的假冒藕粉则没有这种变化，是纯白色或略带黄色的 刚开封的藕粉呈玫瑰红色，是加入食用色素所致，开封很久的藕粉依然很白，是用漂白过的其他淀粉制成的
	观形	藕粉有时呈片状，但片状的藕粉表面上有丝状纹络；假冒片状藕粉的表面是平光的
👃	鼻嗅	藕粉具有独特的浓郁清香气味；其他淀粉没有清香之气，只有淀粉味
✋	手试	取少许藕粉用手指揉擦，质地细腻滑爽，且无异状；假品粗糙，用手捏有粒状感
👄	口尝	取少量藕粉放入口中，触及唾液即会很快溶化，且无残渣；其他淀粉入口后，不仅不易溶化，而且还会黏糊在一起或呈团状

✋ 调试	取少量藕粉放于碗中,加少量温水搅动,使其被水浸透,然后一边搅动一边加入沸水,吸水胀性可达八九倍,吃起来不粘喉。浆体为透明状熟浆,色泽微红,光泽晶莹;冷却后稠厚的熟浆会变成稀浆 其他淀粉多需加热煮沸食用,吸水胀性及韧性均不如藕粉,冲好后吃起来粘喉。浆体多呈白色或褐色,而且不透明;冷却后,即使放置十多小时,也仅仅是碗边四周一圈呈稀浆状,中间部分仍凝结不变

◆ **安全提示**

　　固体饮料不能用沸水冲调,饮料中所含的淀粉酶和一些营养素在高温条件下很容易被破坏。实验证明,当温度达到 60～80℃时,饮料中的某些营养成分就会被破坏。饮用这种饮料,很难从中获得全面的营养,既是经济上的浪费,也是营养上的浪费。

知 识 链 接

　　冲泡时,为了使藕粉变得稠,最好先加温水将藕粉化开,然后再搅匀加入滚烫的开水,一边加水一边搅拌,藕粉的颜色会随着开水的加入而迅速改变,最后变成淡赤色透明的胶状,像玛瑙冻。

调味品

食醋

● 辨别方法

与酱油一样，买醋也要优先选购标识完整的产品，一定仔细查看标签：

生产日期	不要购买过期产品	
生产厂家	不要被类同标签图案误导	
生产方法	是酿造食醋还是配制食醋（详见"勾兑醋"），根据个人爱好选购	
食醋类型	香醋、陈醋、米醋等，根据用途选购	
醋酸含量	一般来说配制食醋醋酸含量不得小于 2.5 克/100 毫升，酿造食醋的醋酸含量不得小于 3.5 克/100 毫升。非调味食醋不在此限（如饮用醋等）	

知识链接

液态调味品还有料酒等，其中因产地、性状等的不同，又有黄酒、绍酒、甜酒等，消费者可根据需要购买，当然一定要仔细查看标签，并且观察是否具有该产品固有的品质特征。

酱油

辨别方法

对酱油来说，应优先选购标识完整的、大中型企业生产的、适合自己用途的名牌产品。消费者要学会看标签：

	生产日期	不要购买过期产品
	生产厂家	不要被类同标签图案误导
	生产方法	认清是酿造酱油还是配制酱油（详见"三氯丙醇超标酱油"）
!	氨基酸态氮含量	其含量不得小于 0.4 克/100 毫升。一般来说，特级酱油的氨基酸态氮含量大于等于 0.8 克/100 毫升，一级酱油的氨基酸态氮含量大于等于 0.7 克/100 毫升，二级酱油的氨基酸态氮含量大于等于 0.55 克/100 毫升，三级酱油的氨基酸态氮含量大于等于 0.4 克/100 毫升
	酱油类型	是餐桌酱油还是烹调酱油，根据用途选购

国家安全标准

国家安全标准规定：酱油在产品的包装标识上必须醒目标出"用于佐餐凉拌"或"用于烹调炒菜"，散装产品亦应在大包装上标明上述内容。

酱类食品

日常食用的"酱"可分为两大类：发酵酱和不发酵酱。发酵酱类中又分面酱和黄酱两大类，此外还有蚕豆酱、豆瓣辣酱、豆豉、南味豆豉，以及酱类的深加工，即各种系列花色酱等。其中用黄豆为主要原料发酵酿造而成的是豆瓣酱；经磨碎的是干黄酱；加水磨碎的是湿黄酱；豆瓣酱加入辣椒水的是豆瓣辣酱；以面粉为主要原料发酵酿造成的是甜面酱。此外，就是非发酵型的果酱和蔬菜酱等。

普通酱类辨别方法

1.色泽

良质酱类呈红褐色、棕红色或黄色，油润发亮、鲜艳而有光泽；劣质酱类则色泽灰暗，无光泽。

2.体态

良质酱类在光线明亮处观察黏稠适度，不干，无霉花杂质；劣质酱类则过干或过稀，往往有霉花、杂质和蛆虫等。

3.气味

良质酱类嗅闻时具有酱香和酯香气味，无异味；劣质酱类则香气不浓、平淡，有微酸败味或霉味。

4. 滋味

良质酱类入口滋味鲜美、酥软，咸淡适口，有豆酱或面酱独特的风味，豆瓣辣酱有锈味；而劣质酱类则有苦味、涩味、焦煳味和酸味。

芝麻酱辨别方法

1. 看包装

购买芝麻酱首先要看看产品的包装是否结实，整齐美观。包装上是否标明厂名、厂址、产品名称、生产日期、保质期、配料等。

2. 看是否新鲜

应避免挑选瓶内有太多浮油的芝麻酱，因为浮油越多表示存放时间越长。

距生产时间不超过 20 天的纯芝麻酱，一般无香油析出，外观棕黄或棕褐色，用筷子蘸取时黏性很大，垂直流淌长度能达到 20 厘米左右。

距生产时间在 30 天以上的纯芝麻酱，外观棕黄或棕褐色，此时一般上层有香油析出，但在搅匀后，流淌特性不会有太大改变。

3. 闻气味

芝麻酱一般有浓郁芝麻酱香气，无其他异味。掺入花生酱的芝麻酱有一股明显的花生油味，甜味比较明显。掺入葵花子油的芝麻酱除有明显的葵花子油味外，而且与纯芝麻酱相比，气味淡了许多。

4. 搅拌

取少量芝麻酱放入碗中，加少量水用筷子搅拌，如果越搅拌越干，则为纯芝麻酱。其主要原因是由于芝麻酱中含有丰富的芝麻蛋白质和油脂等成分，这些成分对水具有较强的亲和力。

知识链接

（1）芝麻酱开封后尽量在 3 个月内食用完，因为此时口感好、营养不易流失，开封后放置过久，容易氧化变硬。

（2）芝麻酱调制时，先用小勺在瓶子里面搅几下，然后盛出芝麻酱，加入冷水调制，不要用温水。

安全提示

继 2005 年初英国食品标准署公布了含有苏丹红一号的食品清单后，我国有关部门也做了相关调查与检测，并公布了"涉红"名单，酱类调味品位居榜前，消费者购买时一定要引起注意。

知识链接

常用酱类调味品还有辣椒酱、番茄酱、鲍鱼酱、XO 酱等，消费者购买时一定要仔细查看标签是否符合规格，如果是透明瓶装还要仔细观察是否具备该产品固有的品质特征，防止买到假冒伪劣产品，甚至"毒品"，给健康带来严重威胁。

味精

辨别方法

味精主要有三类，消费者可从产品名称、配料表和谷氨酸钠含量来选购：

👁	纯味精，或者标明无盐味精，谷氨酸钠含量在 99% 以上
	含盐味精，是添加了食盐且谷氨酸钠含量不低于 80% 的味精，有 95% 味精、90% 味精、80% 味精三种
	特鲜味精，或者叫强力味精，指纯味精中又加上了核苷酸钠等"增鲜剂"

安全辞典

味精：又名味素，化学成分为谷氨酸钠，一般呈晶体状颗粒，是食品增鲜剂，最初是从海藻中提取制备，现均为工业合成品。如果谷氨酸钠含量小于80%，这个产品就不能称为"味精"。

核苷酸钠：有两种，一种叫"5- 鸟苷酸二钠"；另一种叫"呈味核苷酸钠"（"5- 鸟苷酸二钠"加"5- 肌苷酸二钠"，俗称 I+ G）。目前特鲜（强力）味精以添加呈味核苷酸钠的居多。

食用盐

辨别方法

👁	看包装	包装完好整洁，封口紧密，标签印刷精良
	看标签	是否印有品名、净含量、配料表、厂名、厂址、生产日期、标准号、经销商
	选种类	食用盐，可分为海盐（日晒细盐）、湖盐、井盐和矿盐（精制盐）等，其主要成分为氯化钠。除此之外还有添加其他成分的食用盐，如加氟盐、营养强化盐、加碘盐等

安全辞典

加氟盐：添加了一定量的氟的食用盐。氟能预防龋齿和骨质疏松症，每人每天摄入氟 2.3 ~ 3.1 毫克，即能充分满足人体的需要。如果摄入量过多，可能会引起氟中毒或产生"斑点牙"，长期摄入过量的氟还会损害骨骼和肾脏。

营养强化盐：添加了各种营养强化素的食用盐。如钙强化盐，就是在普通的食用盐中添加了乳酸钙、活性钙、磷酸钙、生物钙之类的原料。普通食用盐的 pH 值在 5 到 6，呈弱酸性，易溶于水，但有些营养强化盐 pH 值会上升到 12，呈现强碱性，且极难溶于水。碱性过强的盐伤胃，另外由于难溶于水，会造成人体对食用盐中钠离子、氯离子的吸收困难。

鸡精

辨别方法

	看性价比	在鸡精调味品中,既存在有以鸡为主要原料的产品,也存在以少量鸡为原料,甚至不用鸡为原料的"鸡味"调味料产品。产品因投入原料不同而成本不同,产品价格差异较大
◉	看总氮含量	根据国家制定的产品标签通用标准的规定,产品的标签必须将主要原料的配料表标出,并按原料成分在产品中所占比重的多少,按递减顺序列出。因此,如果鸡精中的谷氨酸钠或呈味核苷酸二钠的含量远远超出总氮的含量,那么这种鸡精的主要成分是味精而不是鸡肉蛋白,鸡精的"鲜味"是源自味精而不是真正的鲜鸡,鸡精、鸡粉的营养价值也远远达不到鲜鸡肉的标准

安全辞典

总氮含量:氮是组成蛋白质的重要元素之一。鸡精调味料中总氮的来源,包括鸡肉蛋白质中所含氮,谷氨酸钠中所含氮,呈味核苷酸二钠中所含氮,以及添加到产品中各种动植物水解蛋白提取物中所含氮。

● 国家安全标准

《鸡精调味料行业标准》规定：总氮含量低于3%的"鸡精"只能称为"鸡味调味料"。

知识链接

常用固态调味品还有发粉、面糊粉、甘薯粉、生粉、小苏打粉、豆豉等，在超市中多以小包装形式零售，消费者可根据需要酌情购买，选购时一定要仔细查看标签，并尽可能用感官判断是否具有该产品固有的品质特征。

调味品中还有辛香料，比如葱、姜、辣椒、蒜头、花椒（花椒粉、花椒盐）、胡椒（黑、白）、八角（大茴香）、干辣椒、红葱头、五香粉等，在超市中也以小包装形式零售，消费者购买时一定要仔细查看标签是否齐全，必要时还要打开包装观察、嗅闻是否具有该产品固有的特征，防止买到假冒伪劣产品，给身体健康带来安全隐患。

其他高级调味品还有蚝油、沙拉油等，因成本高，假冒品相对较少，但也不能轻视，一般只要到正规销售点选购，并仔细查看标签是否符合规格，就不会有太大的问题。

保健食品

　　现代保健食品种类繁多，功能各异，如蜂王浆、螺旋藻、保健酒、补钙食品、补血食品、减肥茶、芦荟制品等。由于原料及制作工艺等比较特殊，保健品大多价格较高，造假者为贪图高利而不择手段。消费者一定要到信得过的商场、超市或保健品专卖店购买，切勿贪图价廉、大降价或到街头摊贩处购买，以免买到假冒或掺假产品，危害身体健康。

辨别方法

不要盲目选择高价保健品	价格不是衡量保健食品效果的唯一因素，由于产品的品牌、剂量和是否添加其他物质等因素，保健食品价格自然不一样
正确对待广告宣传	卫健委规定，同一配方保健食品的功能不能超过两种，千万不要听信那些夸大或虚假宣传具有多种功能的产品，否则会选购错误和上当；不要被某些企业个别案例或者编造案例的广告宣传所迷惑，也不要轻信穿"白大褂"的所谓"专家"的夸大宣传
认清标志	保健食品目前使用的是天蓝色专用标志，与批准文号上下排列或并排排列。国产保健食品的批准文号是"卫食健字××号"，进口保健食品是"卫进食健字××号"

	看清包装标签说明	保健食品的外包装上除印有简要说明外，应标有功能、成分名称、含量、保健作用、适宜人群、不适宜人群、食用方法、注意事项、储存方法、生产批号、生产厂家等
◉	注意产品的"适宜人群"	保健食品只适宜特定人群调节机体功能，因此要对"症"选购。要详细查看产品标签和说明书，看看自己是不是该产品的"适宜人群"，或者是不是"不适宜人群"。老年人、体弱多病或患有慢性疾病的病人、儿童及青少年、孕妇更要谨慎选择

● 安全辨析

食品、保健食品与药品

食品是供人们食用或饮用的物品，适用于男女老少全体人群，可在食品商场、超市购买，禁止宣传疗效或保健功能。

保健食品是具有特定保健功能、不以治疗为目的的食品，适宜于特定人群食用，可在食品商场、超市购买。标签必须有保健食品标志和保健食品批准文号。保健食品标志为天蓝色的俯视人像，位于标签左上角，批准文号是在标志下方或并排，分为上下两行，上一行为"卫食健字（××）第××号"，下行为"中华人民共和国卫健委批准"。在说明书或广告中不能有疗效宣传，在标志上只能标出已批准的保健作用。

药品是适用于病人用作治疗的物品，只能由医院开出或在药店或药品专柜出售，药品的标识有"（ ）药准字……字"，"（ ）药健字……号"等批准证号。

● 国家安全标准

根据《保健食品管理办法》规定，所有保健食品面市前要经过卫健委审批，在卫健委认定的检验机构做功能性试验、毒理试验及稳定性试验，取得保健食品批准证书后才能投放。

我国目前只允许生产有下列保健功能的产品，即免疫调节、调节血脂、调节血糖、延缓衰老、改善记忆、改善视力、促进排铅、清咽润喉、调节血压、改善睡眠、促进泌乳、抗突变、抗疲劳、耐低氧、抗辐射、减肥、促进生长发育、改善骨质疏松、改善营养性贫血、对化学性质的肝损伤有辅助保护作用、美容（祛痤疮、祛黄褐斑、改善皮肤水分和油分）、改善胃肠道功能（调节肠道菌群、促进消化、对胃黏膜有辅助保护作用）等，共有 22 种保健功能。

除了以上具有特定功能的食品可以申报保健食品外，营养素类产品也纳入了保健食品的管理范畴，称为营养素补充剂，如以维生素、矿物质为主要原料的产品，以补充人体营养素为目的的食品，可以用以申报保健食品。

其他与饮食相关的日用品

餐具、蔬果洗涤剂

● 辨别方法

	看包装	正规企业生产的洗涤剂包装整齐、明确，特别是标签(或标贴)商标图案印刷清晰(图案套印准确、不模糊)，无脱墨现象
	看标签	首先要查看该商品是否有生产和毒性检验证号、卫生许可证号，以及是否注明产品使用的有效期限。标签(或瓶身)还应有生产许可证号、生产日期，还要一一标明使用说明、执行标准、净含量、厂址等
	看说明	了解产品的性能、用途和使用方法。选择无毒、去污力强，pH值接近皮肤酸值上限(皮肤酸值4.5~6.5)，对皮肤无损害、无刺激，使用方便的洗涤剂
	看碱性	最好不选碱性洗涤剂，此类洗涤剂虽然具有较好的去污效果，但会使皮脂过多流失，造成手部皮肤粗糙，角质层受破坏，使细菌易于侵入。如果要用，以选弱碱性者为好，或者戴胶皮手套接触洗涤剂
	重环保	为环保起见，尽可能选择无磷洗涤剂
	内容物	正规厂家的产品都带有一定的香味，无异味，稠度适中，无分层、无悬浮物

一次性纸杯

辨别方法

👁	看标识	合格一次性纸杯的外包装上应该标明：生产者名称、地址、标准号、数量规格等
	看生产日期和有效期	一次性纸杯的产品有效期一般不超过两年，仔细看一下生产日期，防止买到过期产品
👁	看外形	选购时应选择形状饱满、不起皱、有一定厚度、不易变形的纸杯产品，最好不要购买外包装有破损的纸杯
✋	摸内壁	用手指轻轻触摸纸杯内侧，如果感觉手上粘有细细的粉末，手指的触摸处也会变成白色，就是典型的劣质纸杯，千万不能选购

安全提示

（1）不合格的纸杯一般杯身都很软，倒入水后容易变形，有的劣质纸杯密封性差，杯底容易渗水，小心热水烫伤手。

（2）颜色太白的纸杯中可能含有大量荧光增白剂，这种物质进入人体可使细胞产生变异，成为潜在的致癌因素。

厨房食品安全

　　躲过了农贸市场小商小贩的暗箭，绕过了超市打折促销的陷阱，终于把食品带到了厨房，安全之战就此告一段落。可是，你知道有哪几种食物不能贪多，哪几种食物不能生吃，哪几种食物不能胡乱搭配吗？如果你不知道，那么轻则不能正常吸收食物的营养，重则造成食物中毒，据统计，我国每年食物中毒人数高达40万。

　　看似整洁的自家厨房也有大量看不见的细菌，正潜伏在各个角落，威胁着全家人的健康：冰箱是"嗜冷菌"的地盘；菜板是细菌的温床；刀具是带"毒"的暗器……而且，许多人习以为常的烹调方式其实也是不科学、不安全的。

厨房饮食安全

冰箱中的致病菌

许多家庭都有冰箱，并习惯性地把食品放到冰箱中储藏，大多数人认为放在冰箱里的食品都可长期保藏，经久不腐，其实这是一种误解。在地球上的细菌群体中，按生长、繁殖所需的温度不同可分成三大类，一是最常见的"嗜温菌"，它可在 10 ~ 45℃中生长，最适温度是 37 ~ 38℃；二是"嗜热菌"，可在 40 ~ 70℃中生长，最适温度是 50 ~ 55℃；三是"嗜冷菌"，它可在 0 ~ 20℃中生长，最适温度是 10 ~ 15℃。

家庭冰箱里的冷藏温度是在"嗜冷菌"可以生长、繁殖的温度范围内的，如果放到冰箱里的食品是曾受到"嗜冷菌"污染过的，那么这些细菌仍会不断繁殖，人一旦食用了含有大量"嗜冷菌"的食品，就可能会致病。

安全细则

（1）要尽量吃新鲜的食品。

（2）冰箱中的食物不可生熟混放，以保持卫生。

（3）食品放在冰箱里（包括冬季在自然环境下）冷藏的时间不能太久。

（4）冰箱中取出的熟食必须回锅，因为冰箱内的温度只能抑制微生物的繁殖，而不能彻底杀灭它们。

⊛ 安全提示

忌放进冰箱的食物

香蕉　　　香蕉放在12℃以下的地方储存，会使香蕉发黑，腐烂变质

鲜荔枝　　如将鲜荔枝在0℃的环境中放置一天，即会使之表皮变黑、果肉变味

西红柿　　西红柿低温冷冻后，表面出现黑斑，肉质呈水泡状，软烂或散裂，无鲜味，煮不熟，甚至酸败腐烂

黄瓜　　　放置在0℃的环境中，只要3天，表皮就会起泡，瓜味变淡，瓜质变软，难以煮熟，营养成分大部分损失

火腿　　　如将火腿放入冰箱低温储存，其中的水分就会结冰，脂肪析出，腿肉结块或松散，肉质变味，极易腐败

松花蛋　　松花蛋若经冷冻，水分会逐渐结冰。待拿出来吃时，冰逐渐融化，其胶状体会变成蜂窝状，改变了松花蛋原有的风味，降低了食用价值

腌制品　　如果腌制品放入冰箱保存，尤其是含脂肪高的肉类腌制品，因温度较低，而腌制品残留的水分极易结成冰，这样就促进了脂肪的氧化，而且这种氧化作用具有自催化性质，氧化的速度加快，脂肪会很快酸败，致使腌制品有哈喇味，质量明显下降

巧克力　　巧克力在冰箱中冷存后，一旦取出，在室温条件下即会在其表面结出一层白霜，极易发霉变质，失去原味

知 识 链 接

常见嗜冷菌

1. 李斯特菌

它在牛、羊、猪、马等家畜和鸡、鸭等家禽中广泛存在，同时也可在豆类、奶类、甲壳类小动物体内以及水、土壤中被发现。李斯特菌在我国的奶与奶制品、肉与肉制品、水产品以及水果、蔬菜中都曾被检出。

李斯特菌致病可引起新生儿婴儿化脓性脑膜炎、成人的败血症、孕妇流产等。它来势凶猛，病情笃重，又由于李斯特菌对常用的抗生素都不敏感，故而病死率可高达 70% ~ 90%。

2. 类丹毒杆菌

它广泛地存在于土壤、水和蔬菜中，在家畜、野生动物、鸟类中普遍存在类丹毒杆菌，但并不致病。

人在接触了或吃了感染类丹毒杆菌的动物或其他被污染的食物后就可被感染发病。

3. 结核分枝杆菌

它在牛、羊、家兔、家禽、鸟类等动物间流行。

在人接触了染有此菌的动物，或食用了长期存放在冰箱里的污染了结核分枝杆菌的肉类等食品后即可感染或发病，主要症状是发热、呕吐、腹痛、腹泻等。该细菌是日本儿童中最常见的食物中毒病原体之一，在我国儿童中也有结核分枝杆菌引起感染、并有发病的报告。

4. 荧光假单胞菌

它在自然界分布很广，在4℃时繁殖速度很快。荧光假单胞菌主要使在低温条件下保存的奶、蛋类腐败变质。

在临床上最多见的是血液及血制品被荧光假单胞菌污染，当病人输入了被荧光假单胞菌污染的血液及血制品后，可出现败血症、感染性休克和血管内凝血等严重后果。由于现有的许多抗生素对荧光假单胞菌不敏感，所以一旦感染此菌，病死率很高。

5. 耶氏菌

耶氏菌在0~8℃时可大量繁殖。该细菌在世界各地都有发现，它广泛地存在于几乎所有的猪、牛、羊、家禽、野生动物及青蛙等动物中。

人吃了存放在低温中的被耶氏菌污染的食品可引起腹泻、胃肠炎及阑尾炎等病症，甚至引起胞膜炎、脑脓肿、肝脓肿、败血症。在日本、美国、加拿大多国都发生过有上千人的集体性暴发流行病的事例。

微波炉可能导致中毒

家用微波炉能加热烹饪食物，其工作过程中会对食物产生高温，食物中所含的大部分细菌微生物在加热烹饪过程中会被杀灭，这是一种热效应杀菌法，但具有一定的局限性，这点已经被英国科学家的实验和食物中毒的病例记录所证实。消费者应科学地使用微波炉，避免造成食物中毒。

安全细则

1. 不要超时加热

食品放入微波炉解冻或加热可能会忘记取出，如果时间超过2小时，则应丢掉不要，以免引起食物中毒。

2. 不要把普通塑料容器放入微波炉加热

用微波炉加热食品的时候，最好用微波炉专用容器，普通塑料容器在微波加热过程中会释出有毒物质，污染食物，危害人体健康。

3. 半熟肉类不宜用微波炉加热

因为半熟食品中的细菌没有被完全杀死，即使放入冰箱中，细菌仍能生存，第二次再用微波炉加热时，由于时间短，不可能将细菌全杀死。

4. 微波炉解冻的肉类不宜再冷冻

冰冻肉类食品须先在微波炉中解冻，然后再加热为熟食。肉类在微波炉中解冻后，实际上已将外面一层低温加热了，在此温度下细菌大量繁殖，这时再冷冻虽然能让细菌繁殖停止，却不能将活细菌杀死，因此已用微波炉解冻的肉类不宜再冷冻保存。

5. 不要使用金属容器

铁、铝、不锈钢等金属器皿，不仅会导致微波炉加热效率降低，加热均匀性差，还会使微波和金属接触产生火花，发生危险，严重时还会损坏磁控管。

知 识 链 接

宝宝食物忌用微波炉加热

虽然微波炉可以快速加热食物，但不推荐用它来加热婴儿奶瓶。用微波炉加热后的婴儿奶瓶摸起来可能是凉的，但是其中的液体可能已经非常烫，如果不小心直接喂食婴儿，可能会烫伤婴儿的口腔和喉咙。

如果用微波炉加热，对于挤出的母乳来说，一些保护因子可能被破坏；对于婴儿配方食品来说，这可能意味着某些维生素的损失。

菜板上的细菌

厨房里一年四季的温度都比较高，适合细菌滋生，菜板更是细菌的温床。如果不及时给菜板消毒而带"菌"使用，就有可能导致家人细菌性中毒，引发肠道疾病。

安全细则

家庭中的菜板一定要注意生熟分开，防止交叉污染，而且要经常消毒。

1. 物理杀菌法

先在清水下用硬刷子将菜板的表面和每一个缝隙洗刷干净，然后用100℃的水将菜板冲几遍，这样基本上就可以杀死病菌了。

2. 生物灭菌法

大葱切成段，生姜切成片，用剖面擦菜板，最后再用热水将菜板冲洗几遍。大葱和生姜里面含有植物抗生素，不但有杀菌的作用，还有除怪味的效果。

3. 化学灭菌法

在菜板上洒点儿醋，把醋均匀涂抹开，放在阳光下晒干，然后边用清水冲边用硬刷刷，可除菌、祛异味。

4. 撒盐杀菌法

用刀刮一刮菜板，把上面的残渣刮干净，然后每隔六七天在菜板上撒一层盐，可以防止细菌的滋生，还可以防止菜板干裂。

5.阳光曝晒法

把菜板直接拿到太阳光底下进行曝晒，不仅可以杀灭菜板上的细菌，还可以保持菜板的干燥。

6.侧立法

菜板不用时应侧立着放，让菜板保持干燥，是防止细菌滋生的好方法。

◦ 安全辨析

木质菜板与塑料菜板

研究表明，接种在木质菜板上的沙门病菌、李斯特菌、大肠杆菌等菌类在3分钟内病死率达99.9%，而在同样条件下，接种在塑料菜板上的细菌却无一死亡。

研究人员将已接种了细菌的切菜板放到室温条件下过夜，第二天发现，塑料板上细菌明显增多，而木板上则没有细菌成活。以上所述表明，应该使用硬木做切菜板。

知识链接

一般家庭用菜板是乌龙木（俗称铁木）或竹片黏合而成，由于坚固不脱屑，故较受青睐。但是乌龙木常含有一定的异味和有毒物质，用它做菜板不但污染菜肴，也容易引起腹痛、恶心、呕吐等症。用竹片黏合的砧板，因黏合剂中常含有一定的甲醛和苯等，对人体也有害。

民间制作菜板的首选木材是白果木，皂角木、桦木和柳木等。

瓷器的安全隐患

瓷器表面有精美的图案，这些图案中含铅、苯等致病、致癌物质，随着瓷器的老化和衰变，图案颜料内的有毒物质对食品产生污染，严重威胁人体健康。所以最好用无图案的器皿盛装食物。中国人习惯吃热饭、喝热水，吃面条、饺子、凉菜喜欢放醋，如果所用瓷器里有铅、镉，更易溶出，所以，在这鲜艳的图案背后，极有可能存在的铅镉含量不符合产品质量安全标准的问题，危害人体健康。

塑料容器的安全隐患

塑料容器在生产和制造过程中，其原材料包括很多化学物质，其中有些物质能够污染食品，对人有一定的毒性作用。醋和酒与塑料接触会把塑料中一些有害的有机物分解出来，这些物质被酸性物质释出后混合在食物里进入体内不容易被代谢，会损害肝脏，甚至引起肝癌。因此，塑料容器不宜盛放或者加热酒和酸性食品。

保鲜膜的安全隐患

保鲜膜是厨房常用物品，目前市场上出售的保鲜膜分为三大类。第一类是聚乙烯，简称 PE，这种材料

主要用于食品的包装，超市的水
果、蔬菜大多用的是这类膜；
第二类叫聚氯乙烯，简称
PVC，这种材料也可以
用于食品包装，但它对
人体的安全性有一定的影响；
第三类为聚偏二氯乙烯，简称 PVDC，主
要用于一些熟食、火腿等食品的包装。

　　这三类保鲜膜中，PE 和 PVDC 这两种材料的保鲜
膜对人体是安全的，可以放心使用。而 PVC 保鲜膜中
的增塑剂 DEHA 对人体危害比较大，这种物质容易析
出，随着食物带入人体，造成内分泌、激素的紊乱，
甚至对人体有致癌作用。PVC 若和熟食表面的油脂接
触或者放进微波炉里加热，其中的增塑剂就会同食物
发生化学反应，毒素挥发出来，渗入食物之中，或残
留在食物表面上，从而危害人体健康。

辨别方法

看标签	在选购保鲜膜的时候，看标签上写着 PVC 或没有写材质的保鲜膜尽量不要选购
看用途	保鲜膜有多种用途，如果想在微波炉中使用，必须购买外包装上写着"微波炉适用"字样的保鲜膜
正确使用	用微波炉烹调或加热时，绝对不能让食物碰到保鲜膜；加热完毕取出食物前，将保鲜膜刺破，以免粘到食物上

餐具洗涤剂残留

餐具洗涤剂以其去污快速，气味芳香，能去除农药残留及消除细菌，而成为广大群众不可缺少的日常生活消费品之一。但是如果清洗餐具时，洗涤剂没有冲干净，那么残留的洗涤剂中的化学成分就会给人体健康带来伤害。

安全细则

1. 少量、短时间

清洗蔬菜、水果时，餐具洗涤剂浓度在 0.2% 左右为宜，浸泡时间 5 分钟左右。如果浸泡时间过长，洗涤剂会穿过其表皮组织，渗透到内部。

洗餐具时，视油污的多少，餐具洗涤剂的浓度控制在 0.2% ~ 0.5%，浸泡时间在 2 ~ 5 分钟。

2. 多次冲洗

清洗后的餐具用流动水冲至少 3 遍，以去除洗涤液在餐具上的残留。

3. 不用洗碗布擦

用自来水冲洗时不要再用洗碗布擦拭，以免洗碗布里的洗涤剂交叉残留。但洗净后，可用消过毒的干布揩干。

4. 及时清洗洗碗布

洗碗布每次用过后应清洗干净并消毒、晒干，以防微生物的滋生。

七八成熟的涮羊肉

吃火锅时，不少人喜欢吃七八成熟的涮羊肉，殊不知，这样很容易感染上旋毛虫病。羊的小肠里往往寄生旋毛虫的成虫，膈肌、舌肌和肌肉中往往寄生旋毛虫的幼虫。如果吃半生的涮羊肉，未被杀死的旋毛虫幼虫便会进入人体，在人的肠道内1周即可发育为成虫，成虫互相交配后，经过4~6天，就可产生大量幼虫。这些幼虫会进入血液，周游全身，最后定居于肌肉，可引起恶心、呕吐、腹泻、高热、头痛、肌肉疼痛以及腿肚子剧痛、运动受限等；幼虫如果进入脑和脊髓，还能引起脑膜炎症状。

动物有毒部位

现代医学表明，畜、禽、鱼等动物的身体器官里，存有上百种能够传染疾病的细菌、病毒及一些有害物质，如果误食会对人体有害，甚至发生食物中毒。

● **辨别方法**

动物有以下几种有毒部位，消费者一定要留心：

畜"三腺"　　猪、牛、羊等动物体上的甲状腺、肾上腺、病变淋巴结是三种"生理性有害器官"。误食甲状腺可引起甲状腺功能亢进的症状，出现狂躁、抽搐、食欲低下、恶心、发热等症状，而误食肾上腺和病变淋巴结也会罹患多种疾病

羊"悬筋"　　又称"蹄白珠"，一般为圆珠形、串粒状，是羊蹄内发生病变的一种组织，误食影响人体健康

兔"臭腺"　　位于外生殖器背面两侧皮下的白鼠鼷腺，紧挨着白鼠鼷腺的褐色鼠鼷腺和位于直肠两侧壁上的直肠腺，味极腥臭，食用时若不除去，则会使兔肉难以下咽

禽"尖翅"　　就是鸡、鸭、鹅等禽类屁股上端长尾羽的部位，学名"腔上囊"，是淋巴结体集中的地方，因淋巴结中的巨噬细胞可吞食病菌和病毒，即使是致癌物质也能吞食，但不能分解，所以禽"尖翅"是个藏污纳垢的"仓库"，误食后容易感染疾病

鱼"黑衣"　　鱼体腹腔两侧有一层黑色"膜衣"，是最腥臭、泥土味最浓的部位，含有大量的组胺、类脂质、溶菌酶等物质。误食组胺会引起恶心、呕吐、腹痛等症状；溶菌酶则对食欲有抑制作用

生鸡蛋

1. 增加肝脏负担

食用生鸡蛋可增加肝脏负担。大量未经消化的蛋白质进入消化道，发生腐败，产生较多的有毒物质，给肝脏增加负担。

2. 容易引发胃炎

生鸡蛋难免有些病原体侵入，进入人体后，容易发生肠胃炎。

3. 生物素缺乏症

生鸡蛋蛋清部分含有一种对人体有害的碱性蛋白质——抗生物素蛋白。这种抗生物素蛋白阻止人体对生物素的吸收，久之，人体便可能患上生物素缺乏症。

刚宰杀的鱼

日常生活中，人们都认为刚宰杀的鱼新鲜。其实，这种吃法是不科学的，无论是从营养价值上看还是从肉质味道上看，刚宰杀的鱼都不宜食用。

鱼类死后，经过一段时间，肉逐渐僵硬，处于僵硬状态的鱼，其肌肉组织中的蛋白质没有分解产生氨基酸，而氨基酸是鲜味的主要成分。刚宰杀的鱼烹调熟后，吃起来不仅感到肉质发硬，同时也不利于人体消化吸收。

知 识 链 接

当鱼体进入高度僵硬后，即开始向自溶阶段转化，这时鱼中丰富的蛋白质在蛋白酶的作用下，逐渐分解为人体容易吸收的各种氨基酸，处于这个阶段的鱼才是最适宜食用的。

死黄鳝

黄鳝又名鳝鱼、长鱼等，在民间有"小暑黄鳝赛人参"之说，人们普遍爱吃黄鳝。但是有一点要注意，鳝鱼只能吃鲜的，现宰杀现烹调，切忌吃死黄鳝。因为黄鳝死后，体内所含的组氨酸会很快转变为具有毒性的组胺，人们食后会引起食物中毒，轻则头晕、头痛、心慌、胸闷，重则会出现低血压等不适症状。

安全提示

黄鳝的血清中含有毒素，如果人们的手指上有伤口，一旦接触到鳝鱼血，会使伤口发炎、化脓。

厨房中可能致病的食物

刚出炉的面包

有些人认为，刚出炉的面包最新鲜，吃起来最香，其实新出炉的面包的香味是奶油的香味，面包本身的风味是在完全冷却后才能品尝出来的。刚出炉的面包马上吃对身体有害无益，易引起胃病。

安全细则

小心面包中的添加剂

提到添加剂，要说明一点，并不是所有的添加剂都存在危险，很多都是可以安全食用的，甚至还有些营养成分。但一些不良的商贩，尤其是一些小作坊选择的是"低品质面粉＋大量面包改良剂"，包括面粉漂白剂、面团氧化剂、抗老剂等。其中，面粉漂白剂和面团氧化剂需要我们多加小心了。

过氧化苯酰是一种常见面粉漂白剂和氧化剂。据检测，我国面粉类食品中过氧化苯酰的超标情况相当普遍，它在面包烘烤中分解为苯甲酸，能够随着水蒸气挥发出来，苯甲酸具有一定毒性，但幸好对我们人体的危害还不是很大。

最令人担心的是面团氧化剂溴酸钾，溴酸钾是烘烤食品中最好的面团改良剂，有了它，烤出来的面包才会膨松酥软，口感宜人，但它属于违禁改良剂，对人体有致癌的作用，可是仍然被业内普遍使用。

溴酸钾在高温烘烤中大部分都能转化并分解，但仍会有微量成分残留在面包中，尤其是刚出炉的面包，因为其中过氧化苯酰和溴酸钾的分解产物最多。面包冷却到室温之后，这些分解物才会大部分散发出来。

所以，大家在购买面包时一定要注意，不要吃刚刚出炉的面包，选择面包时如果个头过大，分量却很轻，过分洁白的面包尽量不去选择或者少吃为宜。

未熟河蟹

河蟹天生喜食动物的尸体，它的胃、肠、腮寄生着大量的细菌，尤其沙门菌和副溶血性弧菌最多。如果未经彻底加热灭菌，食后会引起中毒。中毒者大多在食用十小时后发病，先是腹痛，后是腹泻，类似痢疾，还会出现恶心、呕吐、发热等现象。

安全细则

吃活蟹时，一定反复刷洗干净，并用旺火蒸 30 分钟左右，这样才能杀死蟹体内的细菌。还要注意，河蟹现吃现烹，剩下没吃完的，应保存在干净、阴凉通风的地方或冰箱内，并与其他食物分开，再吃时需重新加热一定时间。

鲜海蜇

海蜇系属腔肠动物门的水母生物，口味清脆爽口，是凉拌佳肴。但是，食用未腌渍透的海蜇会引起中毒。鲜海蜇含水量高达 96%，还含有 5- 羟色胺、组胺等各种毒胺、毒肽蛋白，若人食用了未脱水排毒的鲜海蜇后，易引起腹痛、呕吐等中毒症状。

安全细则

只有经过食盐加明矾盐渍三次（俗称三矾），脱水三次，才能让毒素随水排尽。三矾海蜇呈浅红或浅黄色，厚薄均匀且有韧性，用力挤也挤不出水，这种海蜇方可食用。

植物皮

1. 荸荠皮

因荸荠生于肥沃的水泽，皮上聚集了多种有害、有毒的生物排泄物和化学物质。因此，生食或熟食都应去皮，否则会引起难以预料的疾病。

2. 红薯皮

红薯皮含碱量较多，食用过多会导致胃肠不适，所以吃红薯时应去皮。

3. 土豆皮

土豆皮内含
不益于人体健康
的配糖生物碱，
进入人体后会形
成积累性中毒，
所以吃土豆应该
削皮。由于是慢

性中毒，暂时无症状或症状不明显，往往不会引起
注意。

4. 柿子皮

柿子皮口感好，一般人们吃柿子都不吐皮。然而
医学研究证明，柿子未成熟时，可对肠胃造成伤害的
鞣酸主要存在于柿肉内，而柿子成熟后，鞣酸便会集
中于柿皮内，食用后，轻者胃部不舒服，重者则会导
致"胃柿石"。

5. 银杏皮

银杏果皮中含有有毒物质"白果酸""氢化白果
酸""氢化白果亚酸"和"白果醇"等，进入人体后
会损害中枢神经系统，引起中毒。

霉变甘薯

　　甘薯通称红薯、白薯，如果贮藏不当，受到霉菌污染就会在甘薯表面形成黑褐色斑块，称为黑斑病。黑斑病菌中的毒素可使甘薯变硬、发苦。

　　霉变甘薯含有大量毒素，主要是甘薯酮、甘薯醇等，而这些毒素的耐热性较强，使用煮、蒸和烤的方法均不能使之破坏，因此无论是生吃或者熟吃霉变甘薯均可引起中毒。食用霉变甘薯的中毒症状为：轻者出现恶心、呕吐、腹痛、腹泻、头晕、头痛；重者则出现痉挛、嗜睡、昏迷、瞳孔散大，甚至死亡。

安全细则

　　（1）千万不要吃变质、发硬、味苦的甘薯和霉变的薯干，防止中毒。

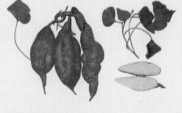

　　（2）如果一次性购买了大量甘薯，那么储存前一定要将甘薯表皮晒干，防止细菌滋生。

　　（3）如果甘薯皮破损，则可能受到真菌的污染，因此不适宜长期贮藏。

鲜木耳

　　木耳营养丰富，有"素中之荤""菌中之花"的美誉。多年来人们发现了保存木耳的有效方法，就是把它干制后长年保存。那么，鲜木耳是不是较干木耳更富有营养呢？答案是否定的，直接食用鲜木耳甚至会引发中毒。近年来，食用鲜木耳引发的植物日光性皮炎屡有发生，特别在盛产木耳的山区和农村尤为多见。

知识链接

　　植物日光性皮炎又称蔬菜日光性皮炎，是一种光感性疾病，食用鲜木耳后被太阳一照射很容易发病。干制木耳毒性已消失，因此可以安全食用。

未炒熟的扁豆

　　生或半生的扁豆中含有红细胞凝集素和皂素，这些物质对胃肠道有刺激性，可以使人体红细胞发生凝集和溶血。

安全细则

　　红细胞凝集素和皂素只有在加热至100℃以上才

能被破坏。烹饪扁豆时，要烹调至其外观失去原有的生绿色，吃起来没有豆腥味，才是熟透了，食用后才不会中毒。

安全提示

有人喜欢把扁豆先在开水里焯一下，然后再用油翻炒一下出锅，误认为两次加热就保险了，实际上两次加热都不彻底，食用后依然会中毒。

还有人为使扁豆颜色好看，口感爽脆，旺火猛炒片刻即食用，但这样并不能使其熟透，食用后也可能中毒。

知识链接

扁豆中毒还跟它的品种、产地、季节、成熟程度、食用部位等有关，例如老扁豆所含毒素就偏高，烹调中翻炒不够，受热不均，更容易引起中毒。

发芽土豆

土豆是北方地区冬季食用的主要蔬菜，因储存不当或土豆超过休眠期，就会发芽。发芽土豆中含有一种毒素，称为龙葵素，这种物质对人体有害。

人吃了含有 40 毫克左右的龙葵素的土豆后，就会产生口干咽燥、喉痒舌麻、恶心呕吐、腹泻肠鸣、头晕眼花等中毒症状。如果摄入龙葵素过多，可因呼吸麻痹而导致死亡。

（1）不能食用发芽过多、表皮变绿的土豆。如果在农村，则应该将这样的土豆埋掉，防止家禽、家畜吃后中毒死亡。

（2）对发芽少，表皮颜色没有太大改变的土豆，食用时，应先将芽和芽眼挖掉，削掉皮层，再切成块，在水中浸泡 1 ~ 2 小时（龙葵素能在水中溶解），烹调时最好能适量放点儿醋，使龙葵素加速破坏。

发生龙葵素中毒的处理方法

催吐疗法	对中毒症状较轻的病人，可用手指或羽毛刺激咽喉部催吐，将胃里的东西吐出，使中毒症状减轻或缓解
洗胃疗法	对中毒症状较重的病人，可用1‰高锰酸钾溶液洗胃稀释和氧化毒素，减轻中毒症状
专业治疗	对严重中毒的病人，应立即送医院，请专业医生进行抢救

青西红柿

西红柿的果肉细嫩、酸甜适口，既可以当作水果生吃，又可以烹制成菜肴、鲜汤，是人们喜爱的夏季果蔬之一。但是青色未熟透的西红柿却绝对不能食用，因为青西红柿和土豆芽眼或黑绿表皮的毒性相同，均含有生物碱苷（龙葵碱），其形状为针状结晶体，能够酸解。

吃了未熟的青西红柿常感到不适，轻则口腔感到苦涩，重则还会出现中毒现象。

安全细则

青西红柿放至红透再吃，成熟以后不含龙葵碱。

知 识 链 接

1. 菠萝

菠萝吃多了也容易引起过敏，因其含有一种"蛋白酶"成分，但食盐和开水可破坏这种成分。为此，食用前要用盐水或开水浸泡一下，以免发生过敏。

2. 杜果

　　杜果里含有果酸、氨基酸等刺激性物质，一些人对这些物质不适应就易引发过敏。为此，一旦吃杜果时会起红斑或出现呕吐、腹泻等现象，说明会过敏，忌再吃这种水果。此外，许多人吃杜果时会将果汁沾到嘴角处，易刺激皮肤，引发红肿、皮炎等。最好将杜果果肉切成小块，用筷子等餐具直接送入口中，吃完后应立即漱口、洗脸；如为杜果过敏体质就不要吃了。

鲜黄花菜

　　黄花菜又名金针菜，一般晒干后发泡炒食或煮汤，也有人喜欢鲜吃，但一次吃较多的新鲜黄花菜后可能出现中毒现象，其表现为嗓子发干、胃灼热、恶心、呕吐、腹痛、腹泻等，严重的可出现血便、血尿及尿闭等症状。这是因为新鲜黄花菜中含有一种秋水仙碱，这种物质无毒，但经胃肠道被人体吸收后，就变成了有毒的氧化二秋水仙碱。

最好不要吃新鲜黄花菜，或先将鲜黄花菜在沸水里氽一下，然后用清水浸泡两小时后炒食。干黄花菜在加工过程中秋水仙碱变性或分解，故不会引起中毒。

菠菜

菠菜含有大量草酸，草酸在体内遇上钙和锌，就会生成草酸钙和草酸锌。儿童生长需要大量的钙和锌，缺钙影响幼儿的生长发育，易患佝偻病、手足抽搐症，缺锌会影响儿童智力发育。因此，吃菠菜一定不要过量。

若在烹调前将菠菜在热水中浸泡一下，便可以除去部分草酸。

鲜咸菜

新鲜蔬菜都含有一定量的无毒的硝酸盐，在盐腌过程中，它会还原成有毒的亚硝酸盐。这种物质进入人体血液循环中，使正常的低铁血红蛋白氧化成高铁血红蛋白，使红细胞失去载氧的功能，从而导致全身低氧。氧是人体不可缺少的成分，人体低氧就会出现胸闷、气促、乏力、精神不振、嘴唇青紫等症状。另外，亚硝酸盐能与食品中的仲胺反应生成致癌的亚硝胺，食用后会对人体健康造成危害。

安全细则

一般情况下，盐腌后 4 小时亚硝酸盐含量开始明显增加，14 ~ 20 天达到高峰，此后又逐渐下降。因此，要么吃 4 小时内的新咸菜，否则宜吃腌 30 天以上的。

知识链接

未腌透的酸菜和鲜咸菜一样，都含有大量的亚硝酸盐，所以一定要吃腌透的酸菜。

烂水果

有些人吃水果时，碰到水果烂了一部分，就把烂掉的部分剜掉再吃，以为这样就没事了。然而，研究微生物学的专家认为，即使把水果已烂掉的部分削去，剩余的部分也已通过果汁传入了细菌，甚至还有微生物开始繁殖，其中的真菌可导致人体细胞突变而致癌。因此，水果只要是已经烂了一部分，就不能吃了，还是扔掉为好。

人造奶油

人造奶油也称氢化油，过去认为氢化油是由不饱和脂肪酸制成，无危害健康的成分，可放心食用。但最近研究表明，植物油的"氢化"实际上是把植物油的不饱和脂肪酸变成饱和或半饱和状态的过程，此过程中会产生"反式脂肪酸"，它可以使人体血液中的低密度脂蛋白增加，高密度脂蛋白减少，诱发血管硬化，增加发生心脏病、脑血管意外的危险。

变质食物

一些家庭主妇为避免浪费，常将变质的食物高温高压煮过再吃，以为这样就可以彻底消灭细菌。而医学研究证明，许多细菌在进入人体之前分泌的毒素非常耐高温，不易被破坏分解。因此，这种用加热加压来处理剩余食物的方法是不值得提倡的。

老化水

经常饮用老化水，会使未成年人细胞新陈代谢明显减慢，影响身体生长发育；中老年人则会加速衰老；许多地方食管癌、胃癌发病率日益增高，也与长期饮用老化水有关。

安全细则

（1）无论是井水还是自来水，饮水储存都不宜超过 3 天。

（2）经常饮用磁化水和经净化处理的活水，可使人体适当增加钙的含量。

安全辞典

老化水	水与生物体一样，也会不断地衰老，而且衰老的速度很快。科学实验证实，水分子是成链状结构的，水如果不经常受到撞击，这种链状结构就会不断地扩大和延伸，变成老化水，俗称死水

知识链接

有关资料表明，老化水中的有毒物质随着水储存时间增加而增加。比如刚被提取的深井水，每升含有硝酸盐 0.017 毫克，但在室温下储存 3 天，就会上升到 0.914 毫克，这种亚硝酸盐会转化为致癌物亚硝胺。

千滚水

千滚水就是在炉上沸腾了长时间的水，还有电热水器中反复煮沸的水，这种水因煮沸过久，水中非挥发性物质（如钙、镁等重金属成分和亚硝酸盐）含量很高。久饮这种水，会干扰人的胃肠功能，出现暂时性腹泻、腹胀；如果长期或大量饮用有毒的亚硝酸盐，还

会造成机体低氧，严重者会昏迷、惊厥，甚至死亡。

知 识 链 接

有人习惯把热水瓶中的剩余温开水重新烧开再饮，目的是节水、节煤（气）、节时。但这种"节约"并不可取。因为水烧了又烧，使水分再次蒸发，亚硝酸盐会升高，常喝这种水，亚硝酸盐会在体内积聚，引起中毒。重新煮开的水的性质和"千滚水"类似，都不宜饮用。

蒸锅水

蒸锅水就是蒸馒头、包子时锅底的水，特别是经过多次反复使用的蒸锅水，亚硝酸盐浓度很高。常饮这种水，或用这种水煮粥，会引起亚硝酸盐中毒；水垢经常随水进入人体，还会引起消化、神经、泌尿和造血系统病变，甚至引起早衰。

不开的水

人们饮用的自来水，都是经氯化消毒灭菌处理过的。虽然经过氯化处理，但这种水中还可分离出 13 种有害物质，其中卤代烃、氯仿具有致癌、致畸作用。当水温达到 90℃时，卤代烃含量由原来的每千克 53 微克上升到 177 微克，超过国家饮用水卫生标准的 2 倍，煮沸后则降到安全标准。专家指出，饮用未煮沸的水，患膀胱癌、直肠癌的可能性增加 21% ~ 38%。

安全细则

当水温达到 100℃，这两种有害物质会随蒸汽蒸发而大大减少，如继续沸腾 3 分钟，则饮用安全。

知 识 链 接

未经过滤消毒的生水或经氯化的自来水中，含有许多对人体有害的细菌，喝了会引发胃肠炎等疾病，所以也不宜直接饮用。

刚灌装好的桶装水

市售的桶装水，不论是蒸馏水、逆渗透水、矿泉水及其他纯净水，在装桶前大多要用臭氧做最后的消毒处理，因此在刚灌装好的桶装水里都会含有较高浓度的臭氧。对人而言臭氧是毒物，如果你趁"新鲜"喝，无疑会把毒物一起摄入。但若将这些桶装水再放 1～2 天，臭氧会自然消失，这时再喝就没有中毒的危险了。

安全细则

根据规定，生产的桶装水必须经检验合格后方可出厂，而这个过程需 48 小时，所以只有按规范检验出厂的桶装水才是安全的。

没煮透的豆浆

大豆中含有胰蛋白酶抑制物、细胞凝集素、皂素等物质，这些有毒物质比较耐热，如果人食用了半生不熟的豆浆、未炒熟的黄豆粉，就可引起中毒。其表现为食用后出现恶心、呕吐、腹痛、腹胀和腹泻等症状，严重的可引起脱水和电解质紊乱。轻者一般在 3 ~ 5 小时就能自愈，症状严重的可持续 1 ~ 2 天。

● 安全细则

为了防止喝豆浆中毒，应将豆浆烧开煮透。通常，锅内豆浆出现泡沫沸腾时，温度只有 80 ~ 90℃，这种温度尚不能将豆浆内的毒素完全破坏。此时应减小火力，以免豆浆溢出，再继续煮沸 5 ~ 10 分钟后，才能将豆浆内的有毒物质彻底破坏。

知 识 链 接

1. 饮用要适量

成年人喝豆浆一次不要超过 500 毫升，小儿更应酌减。大量饮用，容易导致蛋白质消化不良、腹胀等不适症状。

2. 不要兑红糖

红糖中含有大量的有机酸，能与豆浆中的蛋白质结合，产生沉淀，降低蛋白质营养价值。若用白糖则无此弊。

3. 不要用保温瓶储存

保温瓶装豆浆易使细菌繁殖。

新茶

新茶是指采摘下来不足一个月的茶叶，因为没有经过一定时间的放置，其中有某些对身体有不良影响的物质，如多酚类、醇类、醛类，这些物质还没有被完全氧化。如果长时间喝新茶，有可能出现腹泻、腹胀等不适症状，尤其是胃酸缺乏的人，或者有慢性胃溃疡的老年患者，新茶会刺激他们的胃黏膜，产生肠胃不适，甚至会加重病情。

知识链接

某西式快餐曾推出一款减肥汤，名曰"天绿香汤"。"天绿香"，学名守宫木，又叫五指山野菜、减肥菜、泰国枸杞，为大戟科守宫木植物，主要产于南洋群岛和东南亚，在我国海南、广东、江苏、浙江、云南、福建、四川等地有零散栽培，亦有野生。"天绿香"含有超出国家安全标准4倍的金属——镉，会导致人体肝、肾以及生殖系统产生病变，专家建议消费者不要再食用"天绿香"汤。

烹调误操作的安全隐患

煮粥放碱

很多人习惯煮粥时放入一点儿碱，因为用碱煮粥可以缩短烧煮时间，而且还会使粥又黏又烂，十分可口。但是，煮粥用碱会破坏营养成分。

人体需要很多种维生素，维生素在人体内不能合成或合成的数量不能满足人体的需要，必须从食物中获得。煮粥用的糙大米、小米、糯米、高粱等都含有较多的维生素。维生素 B_1、维生素 B_2、烟酸和维生素 C 在酸性中很稳定，而在碱性环境中很容易被分解破坏。实验证明，用 250 克大米煮粥时，若加入 0.3 克碱，就会使大米中 B 族维生素的含量损失 90%。所以，煮粥时忌放碱。

用面肥发面

（1）面肥因长时间放置，里边带有许多不利于人体健康的杂菌，所以忌用面肥发面。

（2）用面肥发面，必须加碱中和酸性，但是加入的碱会破坏面粉中的某些营养成分。

开水解冻冻肉

放在冰箱冷冻室的肉类、鱼类需要食用时，有的人用热水浸泡肉类，希望能快速解冻，立即烹调，其实这是错误的做法。当肉类快速解冻后，常会生成一种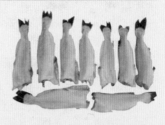叫作丙醛的物质，它是一种致癌物。长期食用这种肉，会对人体健康造成危害。

正确的做法应当是把冷冻的肉类先放在室内几小时，然后再使用；也可以把冻肉放在冰箱冷藏室内数小时，而后再取出使用；最好用微波炉解冻，迅速、安全。

热水清洗猪肉

有人在做肉菜前，喜欢把猪肉放在热水中浸洗，以求干净，其实这样做会使猪肉失去大量营养成分。猪肉的肌肉和脂肪组织中，含有大量的肌溶蛋白和肌凝蛋白。肌溶蛋白极易溶于热水中，当猪肉在热水中浸泡时，大量肌溶蛋白就会溶于水中，排出肉体。而且在肌溶蛋白里还含有有机酸、谷氨酸和谷氨酸钠盐等香味营养成分，这些物质流失后，既影响了猪肉的香味，营养价值也会降低。

猪肉不可用热水长时间浸泡，正确的方法是将猪肉先用干净的布擦除污垢，然后用冷水快速冲洗干净即可。

鸡蛋久煮

有人总是担心鸡蛋煮不熟，于是就增加煮蛋时间，其实鸡蛋煮的时间过长，会使蛋黄中亚铁离子与蛋白中的硫离子化合为硫化亚铁，使蛋黄表面变成灰绿色。硫化亚铁很难被人体吸收利用，鸡蛋的营养价值大大降低。

煮鸡蛋的时应凉水下蛋，烧至水沸后5分钟为宜。煮鸡蛋时放入一些盐，蛋壳就很好剥离。

不要把煮熟的鸡蛋放入冷水中冷却剥皮，骤冷蛋的壳壁会形成缝隙，从而使冷水中的细菌侵入。

牛奶连袋热

人把牛奶连袋放进锅里再煮一煮，有人则将牛奶连袋放进微波炉中加热，但这样加热牛奶是不科学的，因为经过高温灭菌，在保质期内，牛奶不会产生细菌。

如果高温加热，反而会破坏牛奶中的营养成分，牛奶中添加的维生素也会遭到破坏，甚至有害人体健康。

液态奶之所以有长达数天、一个月甚至几个月的保质期，是因为其包装材料选用的是含有阻透性的聚合物，或是含铝箔的包装材料。虽然这两种包装材料本身都是安全可靠的，但是还存在一个安全使用的问题。

聚合物材料的主要成分是聚乙烯，在温度达到115℃时就会发生分解和变化，而且它不耐微波高温，所以这种包装的袋装牛奶不能放在沸水中或者放入微波炉中加热。而铝箔属金属性易燃材料，微波加热会着火，所以这种包装绝对禁止微波炉加热。

有些人不习惯喝太凉的奶，专家建议，由于在100℃以下，一般的包装都不会产生问题，可以用100℃以下的开水烫温奶袋，使牛奶温热。如果需要用微波炉热奶，必须倒入微波炉专用容器，再进行加热。

韭菜烹调熟后存放过久

韭菜最好现做现吃，不能久放。如果存放过久，其中大量的硝酸盐会转变成亚硝酸盐，引起毒性反应。

大火熬猪油

猪油是中性脂肪，它易被酸、碱、空气、阳光和人体内有关酶水解而产生甘油和脂肪酸。用大火熬猪油，油温可达230℃，猪油在这种情况下  会发生化学变化而产生丙烯醛，丙烯醛不但有特殊臭味，而且会使营养脂肪遭到破坏，食用后还会影响消化吸收，并可引发肠胃疾病。

用大火熬油产生焦臭气体，会刺激口腔、食管、气管及鼻黏膜，导致咳嗽、眩晕、呼吸困难和双目灼热、结膜炎、喉炎、支气管炎等。

熬猪油的火候一般控制在油从周围向里翻动、油面不冒青烟为宜。

炸食物的油重复使用

炸过食物的油，由于长时间与空气接触和高温加热，其营养成分已有很大损失，失去了原有油的营养价值。如果用来重复煎炸食物，还会引起食油变质，产生甘油酯二聚物等有毒的非挥发性物质，这些有毒物质能使人体肝大、消化道发炎、腹泻，使人体中毒，并能诱发癌症。

炒菜用油过多

很多人认为炒菜多用油，菜香好吃，其实这是误解。

首先，油的主要成分是脂肪，脂肪食用过量，可发生肥胖症、高血压、冠心病等症。

其次，菜肴里用油过多，会在食物外部形成一层脂肪，食后肠胃里的消化液不能完全同食物接触，不利于食物的消化吸收，影响人体所需营养素的供应。时间长了还会引起腹泻，同时也会促使大量的胆汁和胰液的分泌，诱发胆囊炎、胰腺炎等疾病。

炒菜油温过高

许多人都以为只有油大量冒烟才是适合炒菜的温度，这是一种误解。过去所使用的不是精炼的油，在 120℃就开始冒烟，只有到冒烟较多的时候才达到180 ~ 200℃的炒菜油温。如今的色拉油与调和油除去了杂质，大量冒烟的时候已经达到250℃左右，此时不仅高温劣变，用来炒菜还会使菜肴原料当中的维生素等营养物质遭到破坏。

正确的做法是在油刚有一点儿烟影子的时候便放入菜肴，或者往油里放进一小节葱段，四周大量冒泡但颜色不马上变黄，证明油温适当。

烧菜放碱

有人认为，烧菜时放碱可以加速熟烂。其实烧菜用碱并不好，会使营养成分受损失。

各种菜里含有多种维生素，有维生素 B_1、维生素 B_2 和维生素 C，这些维生素都是人体所必需的。如果烧菜时放入碱，就会使这些维生素受损，使维生素 C 在碱性溶液中氧化失效。久而久之会导致消化不良、心跳、乏力、脚气病、舌头发麻、烂嘴角、长口疮、阴囊炎、牙龈出血等病症。

烧菜应用旺火急炒的方法，可减少维生素 C 的损失，保持应有的价值。

炖肉过早放盐和酱油

　　有人炖肉时习惯一开始就放入盐和酱油，其目的是使肉入味，味道更香，其实适得其反。盐和酱油的主要成分是氯化钠，氯化钠能加速肉中蛋白质凝固，过早加入则使肉质变硬，不易煮烂，影响了人体对蛋白质的消化吸收。因此，烧肉时忌过早加入盐和酱油。

　　正确的放盐和酱油的时间是，肉烧至七成熟时放入酱油，肉烧至九成熟时放入盐。酱油早些放入，是为了使肉色内外均匀，并可去掉生酱油味，使酱油的醇鲜味道溶于肉汤中。

知识链接

1. 炒菜放盐有时间

　　炒菜时如果过早放入食盐，蔬菜的外渗透压增高，水分会很快渗出，不但熟得慢，而且炒出的菜不鲜不嫩。将熟时放入盐为最佳时间。

2. 花生油炒菜有讲究

　　用花生油炒菜可以先在油里放少许盐，以除去花生油中残留的黄霉菌。

3. 动物油炒菜有说法

　　用动物油炒菜时，先在油中放少许盐，可减少油中的有机氯的残余量，对人体健康有利。

高温使用味精

烹调菜肴时，如果在菜肴温度很高的时投入味精就会发生化学变化，使味精变成焦谷氨酸钠。这样，非但不能起到调味作用，反而会产生轻微的毒素，对人体健康不利。

科学实验证明，在 70 ~ 90℃的温度下，味精的溶解度最好。所以，味精投放的最佳时机是在熄火后，菜肴将要出锅的时候。若菜肴需勾芡的话，味精投放应在勾芡之前。另外，挂浆时也不能加味精，因为挂浆后的菜品是要高温煎炸的。

安全细则

1. 不宜低温使用

温度低时味精不易溶解。如果拌凉菜需要放味时，可以把味精用温开水化开，凉凉后浇在凉菜上。

2. 不宜用于强碱性食物

在碱性溶液中，味精会起化学变化，产生一种具有不良气味的谷氨酸二钠。所以烹制碱性食物时不能放味精；如果鱿鱼等菜品是用碱发制的也不能加味精。

3. 不宜用于强酸性食物

味精在酸性菜肴中不易溶解，酸度越高越不易溶解，效果也越差。

4. 不宜用于甜菜

凡是甜口菜肴如冰糖莲子、番茄虾仁都不应加味精。甜菜放味精非常难吃，既破坏了鲜味，又破坏了甜味。

5. 不宜投放过量

使用味精并非多多益善，过量的味精会产生一种似咸不咸、似涩不涩的怪味。

6. 炒鸡蛋不宜加味精

鸡蛋本身含有许多谷氨酸，炒鸡蛋时一般都要放一些盐，盐的主要成分是氯化钠，经加热后，谷氨酸与氯化钠这两种物质会产生新的物质——谷氨酸钠，即味精的主要成分，使鸡蛋呈现很纯正的鲜味。炒鸡蛋加味精如同画蛇添足，加多了反而影响美味。

砂糖拌凉菜

砂糖拌凉菜对人体有害是因螨虫作怪。有种喜甜的粉螨虫生活在砂糖、绵白糖等甜食里，如果被污染的糖未经加热处理，螨虫就会随食物进入人体并寄生在胃肠道，螨虫释放的毒素能刺激肠壁发生痉挛，使人出现腹痛。

不良习惯的安全隐患

纸类

白纸或报纸包食物的危害：许多人为图方便而喜欢使用白纸来包裹食品，殊不知白纸看似干净，而事实上，白纸在生产过程中会加用许多漂白剂及带有腐蚀作用的化工原料，纸浆虽然经过冲洗过滤，仍含有不少的化学成分，会污染食物。

至于用报纸来包裹食品，则更不可取，因为印刷报纸时会用许多含铅油墨或其他有毒物质，对人体危害极大。

用卫生纸擦拭餐具、食品的危害：化验证明，许多卫生纸（尤其是街头巷尾所卖的非正规厂家生产的卫生纸）消毒并不好，因而含有大量细菌，即使消毒较好也在摆放过程中被污染。用这样的卫生纸来擦拭碗筷或水果，并不能将物品擦拭干净，反而在用卫生纸擦拭的过程中带来更多细菌。

洗涤、消毒类

洗衣粉清洗餐具的危害

有些人图方便经常随手用洗衣粉清洗餐具，这是不对的。洗衣粉的主要成分是烷基磺酸钠，还含有多种元素如磷等，这些物质入侵人体后会对人体中的淀粉酶、胰酶、胃蛋白酶的活性起到很大的抑制作用，容易引起人体轻微中毒。如果经常用洗衣粉清洗餐具，将对人体健康产生不利影响。

用白酒消毒碗筷的危害

一些人常用白酒来擦拭碗筷，以为这样可以达到消毒的目的。殊不知，医学上用于消毒的酒精度数为75°，而一般白酒的酒精含量在56°以下。所以，用白酒擦拭碗筷根本达不到消毒的目的。

一个水池多用的危害

有的人家刷碗、洗菜、洗漱用一个水池，这是十分错误的，这样会发生经常性、反复性的细菌污染。

家庭中的水池最好分开使用，没有条件装两个水池的，洗碗洗菜也应另备专用盆。

滥用消毒碗柜的危害

有些人视消毒碗柜为万能柜，不拘是何质地，只要是餐具就送进去消毒，这是不对的。例如，搪瓷制品是在铁制品的表面镀上一层珐琅制成的，而珐琅里含有对人有害的铅、铜化物，尤其是色彩艳丽的油彩一般还含有镉，在高温下它们会逐渐分解，附着于其他用具上，再装食物进食时就会危害人体健康。另外，某些塑料制品也会在高温下分解出有毒物质，也不宜放在消毒碗柜里消毒。

布类

用毛巾擦干餐具或水果的危害

人们往往认为自来水是生水，不卫生，因此在用自来水冲洗过餐具或水果之后，常常再用毛巾擦干。这样做看似细心，实则适得其反，干毛巾上常常会存活着许多病菌。

一块抹布到处擦的危害

有的人家一块抹布到处擦，擦灶台、擦锅、擦洗菜盆、擦碗筷……这很容易引起污染。因此，应该多准备几块抹布，"专布"专用，并在用完后用肥皂水洗净晾干，必要时还要定期煮沸再使用。过油过污的抹布要及时更换，以免成为细菌滋生地。有人买菜回来把菜往饭桌上一放，择菜、吃饭都在同一桌上进行，这也是一种污染。

附录
小餐馆食品安全

许多人下班后回到家里感觉身心俱疲，不愿自己做饭，便到小餐馆随意吃点儿了事。殊不知，与农贸市场、超市和厨房相比，小餐馆的食品安全更是不容乐观。检查结果显示，北京有两成的餐馆卫生不合格，重灾区当然是小餐馆和大排档。

"天下没有免费的午餐"，同理，餐馆没有免费的茶水，如果有免费茶水提供，那可能就是"垃圾茶"，同样免费的还有劣质的餐巾纸、有毒的一次性筷子、黑心棉的湿巾。即使花了钱，你也可能吃到"毒菜"，比如你吃到特别便宜的水煮鱼，那煮鱼用的食油可能是重复提炼使用的油。

针对这几种情况，我们专门列了几条锦囊妙计，以期对经常外出就餐的消费者有一定的帮助。

免费茶

免费茶及其危害

许多餐馆在上菜之前也要先给客人端上一壶免费茶水。但餐馆档次不同，提供的免费茶的质量也不同。有许多小餐馆竟然用几元钱一斤的"垃圾茶"来招待客人。这种"垃圾茶"冲泡后，茶汤混浊，杯底沉淀物多，多是碎叶和叶梗。

"垃圾茶"中灰尘、污物很多，很不卫生。更可怕的是，"垃圾茶"的农药残留和重金属含量超标，而人体如果吸收过量的铅，就会造成：一是血液中毒，抑制血液中酶的活性，阻碍血色素合成，甚至会引发贫血和白血病；二是导致肝、肾等脏器中毒，使这些器官的功能下降；三是造成神经系统损伤，自主神经紊乱等。

● **安全辞典**

垃圾茶	从外观看，茶叶呈墨黑色，主要是些碎片，里面还掺杂着大量叶梗。"垃圾茶"的一个重要来源是茶场的陈茶翻新时筛下的碎末，实际上就是"下脚料"；还有的是在劣质茶叶中掺上槐树叶、杨树叶，甚至重复使用茉莉花。

辨别方法

	看形	正规的茶匀整度好，没有细末、叶梗和灰尘 "垃圾茶"匀整度差，杂质多
	观色	色，就是指茶汤的颜色。正规茶泡出来的茶汤透明、澄清，颜色鲜亮
	看底	在茶叶冲泡以后，倒掉茶汤，看看杯底是否有大量非茶叶沉淀物
	闻香	正规的茶叶有头香和尾香，香味的释放有一个过程，入水后还有香气 "垃圾茶"的香气是不法商贩在茶叶中添加了香精，这种香气闻起来味道很不纯正，而且香精入水后挥发得快，用水一烫香味就没有了，所以，在喝茶之前先闻闻茶水是否有香气，最好是在茶叶泡了3分钟后再闻

安全提示

便宜没好货，好货不便宜，去小餐馆吃饭的时候，如果不想喝到"垃圾茶"，就点儿白开水吧。

有毒一次性筷子

有毒一次性筷子及其危害

一次性筷子的制造者把发霉的筷子用过氧化氢泡或用硫黄熏，达到让筷子变白的目的，还在筷子抛光的时候加入滑石粉，让筷子变得光滑。

这些化学物质加入后好多残留在筷子的表面、渗透到筷子里面，会给人体带来很大的危害：

硫黄会对人的呼吸道和胃黏膜产生刺激作用，会造成中毒。

工业硫黄里有重金属（如铅）和砷，它们都会对人的肝脏或肾脏造成严重的破坏。

滑石粉加入后，量的累计会使人得胆结石。

过氧化氢是强氧化剂，食用后会对人体产生很大的刺激作用。

• 辨别方法

◉	看包装	查看包装上是否印有生产厂家的名称、商标及联系方式等。
	闻气味	有股酸酸的硫黄气味的筷子最好不要使用。
	水洗	用凉水清洗筷子表面,可以减少残留的二氧化硫。

知 识 链 接

即使是经过消毒的一次性筷子,它的保质期最长也只有 4 个月,夏季仅为 3 个月,一旦过了保质期,一次性筷子往往带有金黄色葡萄球菌、大肠杆菌及肝炎病毒,所以消费者在使用一次性筷子的时候一定要注意。

剩油水煮鱼

剩油水煮鱼及其危害

水煮鱼会消耗大量的食用油,占了水煮鱼成本的很大一部分,某些餐馆为了牟利,重复使用水煮鱼的油,这样的水煮鱼被称为"剩油水煮鱼"。

食用油经过反复加热多次利用后,营养价值会大大减弱,而"酸价"和过氧化值却逐渐增高,经过反复使用发生变质后，所产生的醛、酸等很容易对人体产生危害。

 辨别方法

👁	仔细观察	食用油的重复使用必然导致油变黑变浊，消费者可在食用前仔细观察油的状态，通过其透彻程度和基本颜色判断油质优劣。在此观察的基础上，消费者还可以用勺探入锅底轻微搅动，看有没有混浊体或不明沉淀物浮出。如有，则说明油有重复使用的嫌疑
👄	小口品尝	在对菜肴经过简单的观察后，亲口品尝一下鱼肉是必不可少的检验方法。消费者品尝时可取小块鱼肉，品尝过程中不要被那种香辣味迷惑，要仔细咂摸，看有没有香辣味以外的轻微异味，比如微苦、微涩等，食用油的正常使用是不会出现以上问题的

知 识 链 接

龙虾的区别

（1）活的小龙虾煮熟后尾部卷曲度高，肉紧；死的小龙虾煮熟后尾部发直，肉通常也比较松。

（2）活的小龙虾的鳃煮熟后呈白色，且形状比较规则，而死的小龙虾的鳃煮熟后颜色发黑，且形状不规则。

劣质餐巾纸

劣质餐巾纸及其危害

小餐馆的餐巾纸很多都是用劣质卫生纸、回收纸，经过切割、轧花制成的。一些看似非常白的餐巾纸，往往在加工过程中使用了大量对人体有害的漂白剂，且没有经过严格消毒程序，可能有大肠杆菌、幽门杆菌，甚至带有痢疾、乙肝等传染病菌、病毒，经常使用这样的餐巾纸会严重危害人体健康。

辨别方法

原木浆制成的优质餐巾纸，纸质净白且不容易撕裂，撕开时裂口边缘有明显的纤维丝，因为木浆纤维很长，不掉毛、不掉粉、不掉色，遇水有一定的强度，表面应洁净，花纹应均匀，手感应细腻柔软。但如果出现了下面的情况则属于劣质餐巾纸：

（1）抖一下纸张，劣质餐巾纸周边有明显的灰尘，因为制作工程重加了大量滑石粉以分离油墨。

（2）劣质餐巾纸很容易撕裂，裂口边缘很光滑，入水容易烂，因为回收再切割的纸纤维短。

（3）劣质餐巾纸表面有明显的洞眼和黑点，说明纸的质量较差。

（4）有色的劣质餐巾纸很容易掉色，颜色发青的餐巾纸说明漂白剂过多。

（5）劣质餐巾纸燃烧后的残留物呈黑色，说明纸中杂质过多。

● 安全提示

　　小餐馆和大排档是不合格食品的多发地，尽量不要到那里就餐，如果别无选择，要注意以下几个方面：

1. 自备餐巾纸

　　那里的餐巾纸多是劣质卫生纸制成的，甚至就是用卫生纸代替。

2. 尽量点清炒的菜

　　因为红烧、宫保等做法做出的菜味重，如果他们用"泔水油"或回收油，消费者不容易发现。

3. 尽量点素菜

　　在食物来源不清楚的情况下，选择蔬菜的危险系数比选择肉类小。

4. 尽量点常见蔬菜

　　不常见的蔬菜因为销售量小，所以不新鲜的可能性更大。

5. 不点水发产品

　　水产品的泡发隐患很多，越小的地方越没有把握。